高等职业教育园林类及通识课教材

园林工程计量与计价

YUANLIN GONGCHENG JILIANG YU JIJIA

主　编　段晓鹃　张巾爽

副主编　饶　莉　孙媛媛　唐必成

主　审　朱建君

重庆大学出版社

内容提要

本书系统介绍了园林工程项目划分、园林工程各阶段造价文件、园林工程费用组成、计价概念和计价模式、工程量清单计价、园林工程定额的相关知识;重点介绍了园林工程工程量计算和园林工程费用计算的内容。

书中附有章导读、复习思考题、《建设工程工程量清单计价规范》(GB 50500—2013)、《园林绿化工程工程量计算规范》(GB 50858—2013)、《房屋建筑与装饰工程工程量计算规范》(GB 50854—2013)(节选),并配套《园林工程计量与计价实训与习题集》。在系统介绍理论知识的同时辅以大量实例演练,最终以一套全面完整的园林工程图纸案例,实现与工作岗位任务的"零距离"。

本书参照最新计量和计价规范编写,注重时效性和创新性。理论精当、注重实践操作,图文并茂、简明直观、层次清楚,便于理解掌握。本书配有视频微课等数字资源,可扫描书中二维码获取,其余数字资源可扫描前言中二维码查看,并在计算机上进入重庆大学出版社官网下载。

本书可供高等学校风景园林专业、园林专业、环境艺术专业及相关专业教学使用,也可供园林绿化工作者在职培训和相关工程技术人员阅读参考。

图书在版编目(CIP)数据

园林工程计量与计价 / 段晓鹃,张巾爽主编. -- 重庆:重庆大学出版社,2022.1
高等职业教育园林类专业系列教材
ISBN 978-7-5689-2803-8

Ⅰ. ①园… Ⅱ. ①段…②张… Ⅲ. ①园林—工程施工—计量—高等职业教育—教材②园林—工程施工—工程造价—高等职业教育—教材 Ⅳ. ①TU986.3

中国版本图书馆 CIP 数据核字(2021)第 124665 号

园林工程计量与计价

主 编 段晓鹃 张巾爽
副主编 饶 莉 孙媛媛 唐必成
主 审 朱建君

策划编辑:何 明

责任编辑:何 明 版式设计:莫 西 何 明
责任校对:陈 力 责任印制:赵 晟

*

重庆大学出版社出版发行
出版人:饶帮华
社址:重庆市沙坪坝区大学城西路 21 号
邮编:401331
电话:(023)88617190 88617185(中小学)
传真:(023)88617186 88617166
网址:http://www.cqup.com.cn
邮箱:fxk@cqup.com.cn(营销中心)
全国新华书店经销
重庆升光电力印务有限公司印刷

*

开本:787mm×1092mm 1/16 印张:14 字数:351 千
2022 年 1 月第 1 版 2022 年 1 月第 1 次印刷
印数:1—2 000
ISBN 978-7-5689-2803-8 定价:38.00 元

编委会名单

主　任　江世宏

副主任　刘福智

编　委（按姓氏笔画为序）

卫　东	方大凤	王友国	王　强	宁妍妍
邓建平	代彦满	闫　妍	刘志然	刘　骏
刘　磊	朱明德	庄夏珍	宋　丹	吴业东
何会流	余　俊	陈力洲	陈大军	陈世昌
陈　宇	张少艾	张建林	张树宝	李　军
李　璟	李淑芹	陆柏松	肖雍琴	杨云霄
杨易昆	孟庆英	林墨飞	段明革	周初梅
周俊华	祝建华	赵静夫	赵九洲	段晓鹃
贾东坡	唐　建	唐祥宁	秦　琴	徐德秀
郭淑英	高玉艳	陶良如	黄红艳	黄　晖
彭章华	董　斌	鲁朝辉	曾端香	廖伟平
谭明权	潘冬梅			

编写人员名单

主　编　段晓鹃　四川建筑职业技术学院

　　　　张巾爽　四川建筑职业技术学院

副主编　饶　莉　四川建筑职业技术学院

　　　　孙媛媛　四川建筑职业技术学院

　　　　唐必成　福建林业职业技术学院

参　编　王　海　新疆应用职业技术学院

　　　　胡　姝　池州职业技术学院

　　　　沈　意　浙江建设职业技术学院

　　　　李利博　唐山职业技术学院

　　　　黄修华　泸州市城市建设投资集团有限公司

　　　　胡尚洪　四川雄烽建设工程管理有限公司

　　　　彭晓飞　四川建筑职业技术学院

　　　　王宇宏　成都仪秦工程咨询有限责任公司

主　审　朱建君　南京林业大学

前　言

随着城市建设的需要,园林行业得到了蓬勃发展。在园林建设的各环节中,园林工程的造价是规范市场秩序、提高投资效益和逐渐与国际接轨的重要一环。而园林工程造价的主要内容就是计量与计价。为了达到既能作为高等职业教育园林类专业教材使用,又能满足园林绿化工作者和相关工程技术人员的实际工作需要的目的,本书贯彻"实用为主、必需和够用为度"的原则,主要具有以下特点:

(1)内容最新。本书是在最新颁发的《建设工程工程量清单计价规范》《园林绿化工程工程量计算规范》和《房屋建筑与装饰工程工程量计算规范》的基础之上编写的。

(2)实用性强。本书以够用、实用为主导,通过实例对园林工程工程量计算规则进行细致说明,并配图编写一套完整的工程量清单计价实例,方便读者快速掌握规范,提升工作能力。

(3)联合编写。本书注重工学结合、校企合作,联合了多所院校和企业合力编写。实例部分可随时结合行业发展、企业岗位要求做资源的配套更新,既能控制教材定价又能体现活页式教材的精髓。

(4)融入课程思政。本书章导读引入习近平新时代中国特色社会主义思想,找到专业课的"思政点",体现课程的"全员育人、全过程育人、全方位育人"。

(5)数字化教材。本书编者利用多媒体技术将传统纸质内容进行了数字化处理,转化为适用于各类电子终端的互动性教材。其中包括:每章一个思维导图,每章一套复习思考题,每节一个录屏微课,每节一套拓展知识,每节一个PPT,案例部分的图纸、模型、视频和15个例题的动画,扫描下方二维码在手机上查看,并在计算机上进入重庆大学出版社官网下载。这些数字化的内容使得本书具有个性化、情景化和动态化的特征,同时它的便携性便于随时随地学习,充分满足不同人群的学习需求。

(6)住宅庭院AR-APP。为了突破读者识图困难,辅助其更好地完成本书案例"××住宅庭院园林工程"工程量清单编制和工程造价计算,本书著者制作了"住宅庭院AR-APP"。读者只需用安卓系统手机扫描下方二维码,下载并安装该应用,打开手机上安装好的APP对准需要观察的图纸,移动图纸或者手机,就可以360°观察该图纸的三维AR模型。

教学 PPT　　　　拓展知识、思维导图、复习思考题答案　　　　住宅庭院 AR-APP

　　本书由段晓鹃、张巾爽任主编,饶莉、孙媛媛、唐必成任副主编,王海、胡姝、沈意、李利博、黄修华、胡尚洪、彭晓飞、王宇宏参编。其中,段晓鹃编写第 1 章,段晓鹃、唐必成编写第 2 章,饶莉、孙媛媛、王海编写第 3 章第 1、2、3 节,张巾爽、胡姝编写第 3 章第 4 节,张巾爽、沈意编写第 4 章第 1、2 节,张巾爽、李利博编写第 4 章第 3、4 节,黄修华、胡尚洪、彭晓飞、王宇宏编写数字化资源。

　　本书在编写过程中参考了有关同仁的著作和资料,已列入了参考文献,在此表示衷心感谢。

　　由于园林工程计量计价的知识面广、实践性强,全国各省的规范不一样,加之编者水平及能力有限,书中的错误及疏漏之处在所难免。敬请广大读者批评指正,以进一步修订完善。

编者

2021 年 8 月

目 录

1 概 述

【本章导读】

本章介绍了园林工程项目的划分;园林工程各阶段造价文件;园林工程费用的组成;计价的概念、模式。重点介绍了工程量清单计价的特点、依据、程序和方法。为后续章节的学习奠定理论基础。

【本章课程思政】

1. 通过我国著名绿道工程视频展示,让学生感知生态文明与城市规划建设相结合的重要性,加深对公园城市的认识,树立建设公园城市理念,提升专业认同感。

2. 借说明以规范为标准的重要性,强调"不成规矩无以成方圆",培养学生遵守标准、尊重规范的世界观。

1.1 园林工程概述

1.1 微课

1.1.1 园林工程项目划分

基于建设工程管理和确定工程造价的需要,将一个建设项目依次划分为单项工程、单位工程、分部工程、分项工程 4 个基本层次(图 1.1)。

1)建设项目

建设项目是指具有一个计划文件或按一个总体设计进行建设施工的,经济上实行独立核算,行政上实行统一管理的工程项目。比如一个住宅区建设项目、一个公园建设项目。

2)单项工程

单项工程是指具有独立的设计文件,在竣工后可以独立发挥效益或生产能力的项目。比如一个住宅区建设项目中每一个单独的建筑物。

3)单位工程

单位工程是指具有独立的设计文件,可以独立组织施工和进行单独核算,但在竣工后不能独立发挥效益或生产能力,且不具有独立存在意义的项目。比如建筑与装饰工程、园林绿化工程、市政工程、安装工程等。

4)分部工程

分部工程是按工程的工程部位、结构形式的不同等划分的工程项目。比如园林绿化工程这个单位工程中包括绿化工程,园路、园桥工程,园林景观工程 3 个分部工程。

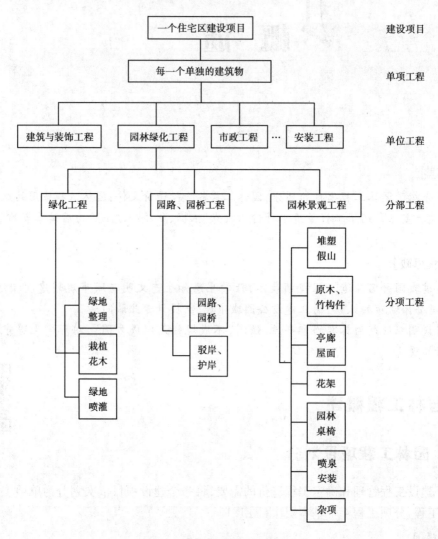

图 1.1　园林工程项目划分

5)分项工程

分项工程是指按照不同的施工方法、不同的材料、不同的规格等因素而进一步划分的最基本的工程项目。比如绿化工程这个分部工程中包括绿地整理、栽植花木、绿地喷灌 3 个分项工程。

1.1.2　园林工程各阶段造价文件

园林工程项目通常有决策、实施、使用 3 个阶段。在决策和实施阶段,分别需要编制不同的

造价文件(图1.2),以控制工程造价。通常由投资估算控制设计概算,设计概算控制施工图预算,施工图预算控制竣工决算。

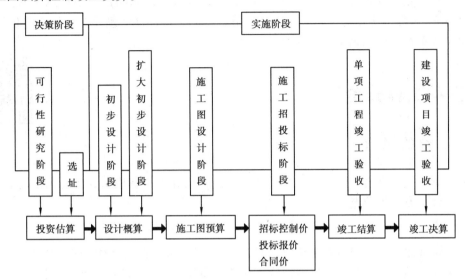

图1.2 园林工程项目各阶段造价文件

1)投资估算

投资估算是在可行性研究阶段,建设单位对建设项目的投资数额进行的估计。一般在国有资金投资为主的建设项目中,投资估算是政府审批的重要内容。

2)设计概算

设计概算是指初步设计阶段,在投资估算的控制下,由设计单位根据初步设计图纸及说明进行计算的,用以进行方案比较,进一步控制建设项目投资的造价文件。

3)施工图预算

施工图预算是指在施工图设计完成后工程开工之前,由建设单位或委托有相应资质的造价咨询机构,根据已批准的施工图纸,预先计算和确定工程造价的文件。

4)招标控制价

招标控制价是招标人或其委托的有相应资质的造价咨询机构,编制的该项目的工程最高限价。在投标时,投标价超过招标控制价的,为废标。

5)投标报价

投标报价是指投标人在投标时,计算和确定承包该工程的投标总价格。

6)合同价

合同价是由承发包双方共同议定和认可的成交价格。它并不等同于最终的实际工程造价。

7)竣工结算

竣工结算是承包人在单位工程竣工后,根据施工合同、设计变更、现场技术签证、费用签证等竣工资料,编制的确定工程竣工结算的造价文件,是工程承包人与发包人办理工程竣工结算的重要依据。

8)竣工决算

竣工决算是指工程竣工验收交付使用阶段,由建设单位编制的建设项目从筹建到竣工验收、交付使用全过程中实际支付的全部建设费用。竣工决算是整个建设工程的最终价格,是作为建设单位财务部门汇总固定资产的主要依据。

1.2　园林工程计价

1.2 微课

1.2.1　计价的概念

工程计价是按文件规定的计算项目及计取方法去计算工程费用组成的行为的总称。园林建设项目的计价有以下特点:

1)单件性计价

每一个园林建设产品都需要单独设计和施工,它与工业产品的区别是不能批量生产,因此每一个园林建设项目都需要进行单独计价。这就是园林建设项目的单件性计价特点。

2)组合性计价

园林建设项目在施工过程中形成的最小单位的产品就是分项工程。在计价时,将分项工程作为一种"假想的园林建设产品"来依次计算组合出分部分项工程费,再汇总出建设项目的总造价。这就是园林建设项目的组合性计价特点。

3)多次性计价

在园林建设项目的不同阶段,分别需要编制不同的造价文件。这就是园林建设项目的多次性计价特点。

1.2.2　园林工程费用组成

中华人民共和国住房和城乡建设部、中华人民共和国财政部于 2013 年 3 月 21 日联合颁发的《关于印发〈建筑安装工程费用项目组成〉的通知》(建标〔2013〕44 号),自 2013 年 7 月 1 日起施行。园林工程费用包括按费用构成要素和按造价形成两种划分方式。

1)按构成要素划分

建筑安装工程费按照费用构成要素由人工费、材料费(包含工程设备,下同)、施工机具使用费、企业管理费、规费、利润和税金七大要素组成(表 1.1)。

表1.1　建筑安装工程费用组成(按构成要素划分)

(1)人工费:是指支付给从事建筑安装工程施工的生产工人和附属生产单位工人的各项费用	①计时工资或计件工资:是指按计时工资标准和工作时间或对已做工作按计件单价支付给个人的劳动报酬
	②奖金:是指对超额劳动和增收节支支付给个人的劳动报酬,如节约奖、劳动竞赛奖等

(1)人工费:是指支付给从事建筑安装工程施工的生产工人和附属生产单位工人的各项费用	③津贴补贴:是指为了补偿职工特殊或额外的劳动消耗和因其他特殊原因支付给个人的津贴,以及为了保证职工工资水平不受物价影响支付给个人的物价补贴,如流动施工津贴、特殊地区施工津贴、高温(寒)作业临时津贴、高空津贴等	
	④加班加点工资:是指按规定支付的在法定节假日工作的加班工资和在法定日工作时间外延时工作的加点工资	
	⑤特殊情况下支付的工资:是指根据国家法律、法规和政策规定,因病、工伤、产假、计划生育假、婚丧假、事假、探亲假、定期休假、停工学习、执行国家或社会义务等原因按计时工资标准或计时工资标准的一定比例支付的工资	
(2)材料费:是指施工过程中耗费的原材料、辅助材料、构配件、零件、半成品或成品、工程设备(工程设备是指构成或计划构成永久工程一部分的机电设备、金属结构设备、仪器装置及其他类似的设备和装置)的费用	①材料原价:是指材料、工程设备的出厂价格或商家供应价格,即购买价	
	②运杂费:是指材料、工程设备自来源地运至工地仓库或指定堆放地点所发生的全部费用	
	③运输损耗费:是指材料在运输装卸过程中不可避免的损耗	
	④采购及保管费:是指为组织采购、供应和保管材料、工程设备的过程中所需要的各项费用,包括采购费、仓储费、工地保管费、仓储损耗	
(3)施工机具使用费:是指施工作业所发生的施工机械、仪器仪表使用费或其租赁费	①施工机械使用费	a.折旧费:是指施工机械在规定的使用年限内,陆续收回其原值的费用
		b.大修理费:是指施工机械按规定的大修理间隔台班进行必要的大修理,以恢复其正常功能所需的费用
		c.经常修理费:是指施工机械除大修理以外的各级保养和临时故障排除所需的费用。包括为保障机械正常运转所需替换设备与随机配备工具附具的摊销和维护费用,机械运转中日常保养所需润滑与擦拭的材料费用及机械停滞期间的维护和保养费用等
		d.安拆费及场外运费:安拆费是指施工机械(大型机械除外)在现场进行安装与拆卸所需的人工、材料、机械和试运转费用以及机械辅助设施的折旧、搭设、拆除等费用;场外运费是指施工机械整体或分体自停放地点运至施工现场或由一施工地点运至另一施工地点的运输、装卸、辅助材料及架线等费用
		e.人工费:是指机上司机和其他操作人员的人工费
		f.燃料动力费:是指施工机械在运转作业中所消耗的各种燃料及水、电等
		g.税费:是指施工机械按照国家规定应缴纳的车船使用税、保险费及年检费等
	②仪器仪表使用费:是指工程施工所需使用的仪器仪表的摊销及维修费用	

续表

（4）企业管理费：是指建筑安装企业组织施工生产和经营管理所需的费用	①管理人员工资：是指按规定支付给管理人员的计时工资、奖金、津贴补贴、加班加点工资及特殊情况下支付的工资等
	②办公费：是指企业管理办公用的文具、纸张、账表、印刷、邮电、书报、办公软件、现场监控、会议、水电、烧水和集体取暖降温（包括现场临时宿舍取暖降温）等费用
	③差旅交通费：是指职工因公出差、调动工作的差旅费、住勤补助费，市内交通费和误餐补助费，职工探亲路费，劳动力招募费，职工退休、退职一次性路费，工伤人员就医路费，工地转移费以及管理部门使用的交通工具的油料、燃料等费用
	④固定资产使用费：是指管理和试验部门及附属生产单位使用的属于固定资产的房屋、设备、仪器等的折旧、大修、维修或租赁费
	⑤工具用具使用费：是指企业施工生产和管理使用的不属于固定资产的工具、器具、家具、交通工具和检验、试验、测绘、消防用具等的购置、维修和摊销费
	⑥劳动保险和职工福利费：是指由企业支付的职工退职金、按规定支付给离休干部的经费，集体福利费、夏季防暑降温、冬季取暖补贴、上下班交通补贴等
	⑦劳动保护费：是企业按规定发放的劳动保护用品的支出，如工作服、手套、防暑降温饮料以及在有碍身体健康的环境中施工的保健费用等
	⑧检验试验费：是指施工企业按照有关标准规定，对建筑以及材料、构件和建筑安装物进行一般鉴定、检查所发生的费用，包括自设试验室进行试验所耗用的材料等费用。不包括新结构、新材料的试验费，对构件做破坏性试验及其他特殊要求检验试验的费用和建设单位委托检测机构进行检测的费用，对此类检测发生的费用，由建设单位在工程建设其他费用中列支。但对施工企业提供的具有合格证明的材料进行检测不合格的，该检测费用由施工企业支付
	⑨工会经费：是指企业按《工会法》规定的全部职工工资总额比例计提的工会经费
	⑩职工教育经费：是指按职工工资总额的规定比例计提，企业为职工进行专业技术和职业技能培训，专业技术人员继续教育，职工职业技能鉴定、职业资格认定以及根据需要对职工进行各类文化教育所发生的费用
	⑪财产保险费：是指施工管理用财产、车辆等的保险费用
	⑫财务费：是指企业为施工生产筹集资金或提供预付款担保、履约担保、职工工资支付担保等所发生的各种费用
	⑬税金：是指企业按规定缴纳的房产税、车船使用税、土地使用税、印花税等
	⑭其他：包括技术转让费、技术开发费、投标费、业务招待费、绿化费、广告费、公证费、法律顾问费、审计费、咨询费、保险费等

(5)规费:是指按国家法律、法规规定,由省级政府和省级有关权力部门规定必须缴纳或计取的费用	①社会保险费	a. 养老保险费:是指企业按照规定标准为职工缴纳的基本养老保险费
		b. 失业保险费:是指企业按照规定标准为职工缴纳的失业保险费
		c. 医疗保险费:是指企业按照规定标准为职工缴纳的基本医疗保险费
		d. 生育保险费:是指企业按照规定标准为职工缴纳的生育保险费
		e. 工伤保险费:是指企业按照规定标准为职工缴纳的工伤保险费
	②住房公积金:是指企业按规定标准为职工缴纳的住房公积金	
	③工程排污费:是指按规定缴纳的施工现场工程排污费	
(6)利润:是指施工企业完成所承包工程获得的盈利		
(7)税金:是指国家税法规定的应计入建筑安装工程造价内的增值税、城市维护建设税、教育费附加以及地方教育附加	①增值税	
	②城市维护建设税	
	③教育费附加	
	④地方教育附加	

2)按造价形成划分

建筑安装工程费按照工程造价形成划分,由分部分项工程费、措施项目费、其他项目费、规费、税金五部分组成。其中分部分项工程费、措施项目费、其他项目费均包含人工费、材料费、施工机具使用费、企业管理费和利润(表1.2)。

表1.2 建筑安装工程费用组成(按造价形成划分)

| (1)分部分项工程费:是指各专业工程的分部分项工程应予列支的各项费用 | •专业工程:是指按现行国家计量规范划分的房屋建筑与装饰工程、仿古建筑工程、通用安装工程、市政工程、园林绿化工程、矿山工程、构筑物工程、城市轨道交通工程、爆破工程等各类工程
•分部分项工程:指按现行国家计量规范对各专业工程划分的项目,如园林绿化工程划分的绿化工程,园路、园桥工程,园林景观工程等
•各类专业工程的分部分项工程划分见现行国家计量规范 | |
| (2)措施项目费:是指为完成建设工程施工,发生于该工程施工前和施工过程中的技术、生活、安全、环境保护等方面的费用 | ①安全文明施工费:承包人按照国家法律、法规等规定,为保证安全施工、文明施工,保护现场内外环境等所采用的措施发生的费用 | a. 环境保护费:是指施工现场为达到环保部门要求所需要的各项费用。环境保护费包括:现场施工机械设备降低噪声、防止扰民措施的费用;水泥和其他容易飞扬的细颗粒建筑材料密闭存放或采取覆盖措施等费用;工程防止扬尘洒水费用;土石方、建渣外运车辆冲洗、防洒漏等费用;现场污染源的控制、生活垃圾清理外运、场地排水排污措施的费用;其他环境保护措施费 |

续表

		b.文明施工费:是指施工现场文明施工所需要的各项费用。文明施工费包括范围:"五牌一图"的费用;现场围挡的墙面美化(包括内外粉刷、刷白、标语等)、压顶装饰费用;现场厕所便槽刷白、贴面砖,水泥砂浆地面或地砖费用,建筑物内临时便溺设施费用;其他施工现场临时设施的装饰装修、美化措施费用;现场生活卫生设施费用;符合卫生要求的饮水设备、淋浴、消毒等设施费用;生活用洁净燃料费用;防煤气中毒、防蚊虫叮咬等措施费用;施工现场操作场地的硬化费用;现场绿化费用、治安综合治理费用;现场配备医药保健器材、物品费用和急救人员培训费用;用于现场工人的防暑降温费、电风扇、空调等设备及用电费用;其他文明施工措施费用
(2)措施项目费:是指为完成建设工程施工,发生于该工程施工前和施工过程中的技术、生活、安全、环境保护等方面的费用	①安全文明施工费:承包人按照国家法律、法规等规定,为保证安全施工、文明施工,保护现场内外环境等所采用的措施发生的费用	c.安全施工费:是指施工现场安全施工所需要的各项费用。安全施工费包括:安全资料、特殊作业专项方案的编制,安全施工标志的购买及安全宣传的费用;"三宝"(安全帽、安全带、安全网),"四口"(楼梯口、电梯井口、通道口、预留洞口),"五临边"(阳台围边、楼板围边、屋面围边、槽坑围边、卸料平台两侧),水平防护架、垂直防护架、外架封闭等防护费用;施工安全用电费用,包括配电箱三级配电、两级保护装置要求、外电防护措施;起重机、塔式起重机等起重设备(含井架、门架)及外用电梯的安全防护措施(含警示标志)费用及卸料平台的临边防护、层间安全门、防护棚等设施费用;建筑工地起重机械检验检测费用;施工机具防护棚及其围栏的安全保护设施费用;施工安全防护通道的费用;工人的安全防护用品、用具购置费用;消防设施与消防器材的配置费用;电气保护、安全照明设施费;其他安全防护措施费用
		d.临时设施费:是指施工企业为进行建筑工程施工所必须搭设的生活和生产用的临时建筑物、构筑物和其他临时设施的搭设、维修、拆除或摊销费用等(临时设施包括:临时宿舍、文化福利及公用事业房屋与构筑物,仓库、办公室、加工厂以及规定范围内道路、水、电、管线等临时设施和小型临时设施)
	②夜间施工增加费:是指因夜间施工所发生的夜班补助费、夜间施工降效、夜间施工照明设备摊销及照明用电等费用	
	③非夜间施工增加费:为保证工程施工正常进行,在地下室等特殊部位施工时所采取的照明设备的安拆、维护及照明用电等费用	
	④二次搬运费:是指因施工场地条件限制而发生的材料、构配件、半成品等一次运输不能到达堆放地点,必须进行二次或多次搬运所发生的费用	
	⑤冬雨季施工增加费:是指在冬季或雨季施工需增加的临时设施、防滑、排除雨雪,人工及施工机械效率降低等费用	

（2）措施项目费：是指为完成建设工程施工，发生于该工程施工前和施工过程中的技术、生活、安全、环境保护等方面的费用	⑥已完工程及设备保护费：是指竣工验收前，对已完工程及设备采取的必要保护措施所发生的费用
	⑦工程定位复测费：是指工程施工过程中进行全部施工测量放线和复测工作的费用
	⑧特殊地区施工增加费：是指工程在沙漠或其边缘地区、高海拔、高寒、原始森林等特殊地区施工增加的费用
	⑨大型机械设备进出场及安拆费：是指机械整体或分体自停放场地运至施工现场或由一个施工地点运至另一个施工地点，所发生的机械进出场运输及转移费用及机械在施工现场进行安装、拆卸所需的人工费、材料费、机械费、试运转费和安装所需的辅助设施的费用
	⑩脚手架工程费：是指施工需要的各种脚手架搭、拆、运输费用以及脚手架购置费的摊销（或租赁）费用
	⑪混凝土模板及支架费：是指混凝土施工过程中需要的各种钢模板、木模板、支架等的支、拆、运输费用及模板、支架的摊销（或租赁）费用
	⑫垂直运输费

	⑬超高施工增加费：是指单层建筑檐口超过20 m，多层建筑超高6层（地下室不计层数）增加的费用，内容包括：建筑超高引起的人工降效及人工降效引起的机械降效；超高施工用水加压增加的费用；通信联络增加的费用	a. 建筑超高引起的人工降效及人工降效引起的机械降效
		b. 超高施工用水加压增加的费用
		c. 通信联络增加的费用

	⑭施工排水、降水费：是指为确保工程在正常条件下施工，采取各种排水、降水措施所发生的各种费用。排水费是指排除地表水费用，降水费是指降地下水的费用
	⑮地上、地下设施、建筑物的临时保护设施费：是指在工程施工过程中，对已建成的地上、地下设施和建筑物进行的遮盖、封闭、隔离等必要的保护措施所发生的费用
（3）其他项目费	①暂列金额：是指建设单位在工程量清单中暂定并包括在工程合同价款中的一笔款项。用于施工合同签订时尚未确定或者不可预见的所需材料、工程设备、服务的采购，施工中可能发生的工程变更、合同约定调整因素出现时的工程价款调整以及发生的索赔、现场签证确认等
	②专业工程暂估价：是指对必须由专业资质施工队伍才能施工的工程项目，进行的专业工程暂估价。如幕墙、桩基础、金属门窗、电梯、锅炉、自动消防、钢网架、安防、中央空调等工程项目

续表

	③计日工:是指在施工过程中,施工企业完成建设单位提出的施工图纸以外的零星项目或工作所需的费用	
(3)其他项目费	④总承包服务费:是指总承包人为配合、协调建设单位进行的专业工程发包,对建设单位自行采购的材料、工程设备等进行保管以及施工现场管理、竣工资料汇总整理等服务所需的费用	a.专业工程分包服务费:是指总承包人对发包人进行的分包工程项目的管理、服务以及竣工资料汇总整理所发生费用。具体内容包括:分包人在施工现场的使用总承包人提供的水、电、垂直运输、脚手架,以及总承包人对分包工程的管理、协调和竣工资料整理备案等所发生的费用。对于具体工程而言应在招标文件中具体注明
		b.甲方供料服务费:是指总承包人对发包人自行采购设备及材料发生的管理费,如材料的卸车和市内短途运输以及工地保管费等
(4)规费(同表1.1)	①社会保险费	a.养老保险费
		b.失业保险费
		c.医疗保险费
		d.生育保险费
		e.工伤保险费
	②住房公积金	
	③工程排污费	
(5)税金(同表1.1)	①增值税	
	②城市维护建设税	
	③教育费附加	
	④地方教育附加	

1.2.3 计价模式

园林工程有两种计价模式,即定额计价模式和工程量清单计价模式。

1)定额计价

定额计价的基本方法是"单位估价法",即根据国家或地方颁布的统一预算定额规定的消耗量及其单价,以及配套的取费标准和材料预算价格,先计算出相应的工程数量,套用相应的定额单价计算出定额人工费、定额材料费、定额机械费,再在此基础上计算各种相关费用及利润和税金,最后汇总形成建筑产品的造价。

按定额计价模式确定园林工程造价,有预算定额规定消耗量,有各种文件规定人工、材料、机械单价及各种取费标准,在一定程度上体现了工程造价的规范性、统一性和合理性。但由于计算依据相同,只要不出现计算错误,所有投标人对造价的计算结果是相同的,不易于评标工作的开展。同时,不利于促进施工企业改进技术、加强管理、提高劳动效率和市场竞争力。因此定额计价模式,只是在我国计划经济时期及计划经济向市场经济转型时期或部分少数地区,所采用的计价模式。

2）工程量清单计价

工程量清单计价模式是在 2003 年提出的一种工程造价模式。这种计价模式是国家仅统一项目编码、项目名称、计量单位和工程量计算规则（即"四统一"）,由各施工企业在投标报价时根据企业自身情况自主报价,在招投标过程中经过竞争形成建筑产品价格。

工程量清单计价的基本方法是"综合单价法"。即招标人给出工程量清单,投标人根据工程量清单组合分部分项工程的综合单价,并计算出分部分项工程的费用,最后汇总成总造价。

工程量清单计价模式的实施,实质上是建立了一种强有力而行之有效的竞争机制。由于施工企业在投标竞争中必须报出合理低价才能中标,所以对促进施工企业改进技术、加强管理、提高劳动效率和市场竞争力会起到积极的推动作用。

3）定额计价和工程量清单计价的应用

现行国家标准《建设工程工程量清单计价规范》（GB 50500—2013）,参见本教材附录 1,规定,使用国有资金投资的建设工程发承包,必须采用工程量清单计价;非国有资金投资的建设工程,宜采用工程量清单计价;不采用工程量清单计价的建设工程,应执行本规范工程量清单等专门性规定外的其他规定。

1.3　工程量清单计价

1.3 微课

1.3.1　工程量清单计价的特点

工程量清单计价模式下,所有投标人采用招标人提供的同一工程量清单进行报价,有共同竞争的基础,评标时也更能确定哪个报价最优,使得竞争更为公平合理。工程量清单计价主要有以下特点:

①工程量清单编制应遵守计价规范中规定的规则,应由招标人提供,招标控制价及投标报价均应据此编制。投标人不得改变工程量清单中的数量。

②根据"国家宏观调控,市场竞争形成价格"的价格确定原则,国家不再统一定价。

③"低价中标"是核心。为了有效控制投资,制止哄抬标价,招标人公布招标控制价,凡是投标价高于招标控制价的,一律为废标。低价中标的低价,是指经过评标委员会评定的合理低价,并非恶意低价。对于恶意低价中标造成不能正常履约的,以履约保证金来制约,报价越低履约保证金越高。

④工程量清单计价虽属招投标范畴,但建设工程施工合同的签订、工程竣工结算办理均应执行该计价相关规定。

1.3.2 工程量清单计价依据及程序

工程量清单计价依据主要包括:国家或省级、行业建设主管部门颁发的计价依据和办法;与建设工程项目相关的标准、规范、技术资料;工程量清单;定额;施工图纸及图纸答疑;招标文件及其补充通知、答疑纪要;施工组织设计及施工现场情况;材料预算价格及费用标准。

工程量清单计价的工作过程分为两个阶段:第一阶段是工程量清单的核对编制;第二阶段是利用工程量清单编制投标报价。具体可按图中程序操作(图1.3)。

1	熟悉招标文件和设计文件
2	编制核对工程量清单
3	参加图纸答疑和查看现场
4	了解施工组织设计
5	询价,确定人工、材料和机械台班单价
6	综合单价确定
7	分部分项工程费计算
8	措施费计算
9	其他项目费计算
10	规费及税金计算
11	汇总单位工程造价
12	汇总单项工程造价及建设项目总造价
13	填写总价、封面、装订、盖章

图 1.3　工程量清单计价程序

1.3.3 工程量清单计价方法

按照中华人民共和国建设部令107号《建筑工程施工发包与承包计价管理方法》的规定,工程量清单计价有综合单价法和工料单价法两种方法。

1)综合单价法

综合单价法的基本思路是:先确定项目的综合单价,再用综合单价乘以工程量清单给出的工程量,得到分部分项工程费,再加措施项目费、其他项目费及规费,再用分部分项工程费、措施项目费、其他项目费、规费的合计,乘以税率得到税金,最后汇总得到单位工程费。见下列各式:

综合单价 = 人工费 + 材料费 + 机械费 + 管理费 + 利润

单位工程造价 = $\left[\sum (\text{工程量} \times \text{综合单价}) + \text{措施项目费} + \text{其他项目费} + \text{规费} \right] \times$
$(1 + \text{税金率})$

单项工程造价 = $\sum$ 单位工程造价

建设项目总造价 = $\sum$ 单项工程造价

说明:

①措施项目费包括单价措施项目费和总价措施项目费,其概念及计算将会在本书第3.4节和第4章进行阐述。

②其他项目费包括暂列金额、暂估价、计日工、总承包服务费等,其概念及计算将会在本书第3.4节和第4章进行阐述。

③规费应按各地区工程规费标准计取,其计算将会在本书第4章进行阐述。

④税金费率应按照各地区规定的费率标准计取,其计算将会在本书第4章进行阐述。

⑤计价规范明确规定综合单价法为工程量清单的计价方法,也是目前普遍采用的方法。

⑥本书主要介绍工程量清单计价模式,教材中实例部分均采用综合单价法的工程量清单计价模式。

2）工料单价法

工料单价法的基本思路是：先计算出分项工程的工料单价，再用工料单价乘以工程量清单给出的工程量，得到分部分项工程的人工费、材料费、机械费之和，再在其基础上计算管理费、利润。再加措施项目费、其他项目费及规费，再用分部分项工程费、措施项目费、其他项目费、规费的合计，乘以税率得到税金，最后汇总得到单位工程费。见下列各式：

$$工料单价 = 人工费 + 材料费 + 机械费$$

$$单位工程造价 = [\sum(工程量 \times 工料单价) \times (1 + 管理费率 + 利润率) + 措施项目费 +$$

$$其他项目费 + 规费] \times (1 + 税金率)$$

$$单项工程造价 = \sum 单位工程造价$$

$$建设项目总造价 = \sum 单项工程造价$$

工料单价法的重点是工料单价的计算。管理费及利润在人工费、材料费、机械费之和计算完成后计算，这是工料单价法与综合单价法不同之处。显然，工料单价法的工料单价是不完全单价，不如综合单价直观，所以计价规范未采用此种方法。

综合单价及工料单价中消耗量均要依据工料消耗量定额来确定，招标人或其委托人编制招标标底时，依据当地建设行政主管部门编制的地区定额来确定；投标人编制投标价时，依据本企业自己编制的企业定额来确定，在施工企业没有本企业的定额时，可参照当地建设行政主管部门编制的地区定额。

复习思考题

1. 如何对园林工程项目进行划分？
2. 园林工程各阶段造价文件的作用和编制单位各是什么？
3. 园林工程费用由哪些部分组成？
4. 什么是计价？计价模式有哪两种？分别在什么情况下使用？
5. 园林建设项目计价的特点是什么？
6. 工程量清单计价的特点和依据是什么？
7. 分部分项工程费包括哪些内容？
8. 工程量清单计价的程序和方法是什么？

2 园林工程定额

【本章导读】

本章介绍了园林工程定额的概念及分类、园林定额的组成。重点说明了园林工程定额的应用。

【本章课程思政】

1.展示案例,结合无产阶级革命前辈一生清廉的故事,培养学生廉洁奉公的精神。

2.通过对园林工程材料的选择说明,帮助学生形成可持续发展观念,增强环保意识。

3.鼓励学生分享并分析计算成果,培养自省意识、表达观点的勇气。

4.通过原木、柱、檩、椽构件和结构、吊挂楣子等精美图片展示,激发学生对我国传统建筑的兴趣,培养爱国精神。

2.1 园林工程定额的概念及分类

2.1 微课

2.1.1 园林工程定额的概念

园林工程定额是指在正常施工条件下,完成一定计量单位质量合格的园林工程所消耗的人工、材料、机械台班的数量标准。

2.1.2 园林工程定额的分类

根据反映的生产要素、专业、编制单位和执行范围等的不同可对园林工程定额进行不同分类(图2.1)。

1)按反映的生产要素分类

(1)劳动消耗定额

简称劳动定额,主要表现形式是时间定额和产量定额,二者互为倒数。

①时间定额是指在合理的劳动组织与合理使用材料的条件下,完成质量合格的单位产品所必须消耗的劳动时间,以"工日"或"工时"为单位。

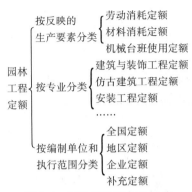

图 2.1　园林工程定额的分类

②产量定额是指在合理的劳动组织与合理使用材料的条件下,规定某工种某技术等级的工人(或班组)在单位时间里必须完成质量合格的产品数量,产品的单位就是其单位。

(2)材料消耗定额

材料消耗定额是指在节约与合理使用材料条件下,生产质量合格的单位工程产品,所必须消耗的一定规格的质量合格的材料、成品、半成品、构配件、动力与燃料的数量标准,材料的单位就是其单位。

(3)机械台班使用定额

机械台班使用定额可分为机械时间定额和机械产量定额。

①机械时间定额是指在合理组织施工和合理使用机械的条件下,某种类型的机械为完成符合质量要求的单位产品所必须消耗的机械工作时间,以"台班"或"台时"为单位。

②机械产量定额是指在合理组织施工和合理使用机械的条件下,某种类型的机械在单位机械工作时间内,应完成符合质量要求的产品数量,产品的单位就是其单位。

2)按专业分类

按专业分类有:建筑与装饰工程定额,仿古建筑工程定额,安装工程定额,市政工程定额,园林绿化工程定额,构筑物工程定额,城市轨道交通定额,维修、加固工程定额,爆破工程定额,地下综合管廊定额,绿色建筑定额等。

3)按编制单位和执行范围分类

(1)全国定额　是国家建设行政主管部门组织制定、颁发的定额,全国适用。

(2)地区定额　是由本地区建设行政主管部门结合本地区经济发展水平和特点,在全国统一定额水平的基础上对定额项目做适当调整补充而成的一种定额,在本地区范围内执行。

本教材实例部分均参照 2020《××省建设工程工程量清单计价定额》。

(3)企业定额　是由施工企业考虑本企业具体情况,制定的只在本企业内部使用的定额。企业定额一般高于国家定额,才能满足生产技术发展、企业管理和市场竞争的需要。

(4)补充定额　又称一次性定额。由于新技术、新材料而在原来的定额中没有纳入的项目,根据具体工程的实际情况进行补充,一次性临时使用的定额。

2.2　园林定额的组成

2.2 微课

园林定额由总说明、分部定额、配合比定额三部分组成。

2.2.1　总说明

总说明是定额使用的重要依据和原则,包括编制依据、适用范围、定额作用等内容。在使用定额时,必须仔细阅读总说明的内容。

2.2.2　分部定额

分部定额由册说明、工程量计算规则和定额项目表三部分组成。

1)册说明

册说明主要包括使用本分部定额时应注意的相关问题说明。其具体内容包括:定额编制的问题、如何直接套用定额的问题以及如何换算定额的问题等多个方面。必须仔细阅读这些说明,以达到正确使用定额的目的。

2)工程量计算规则

工程量计算规则即本分部相关工程量的计算规则,其中对每一项目的单位有明确说明。

3)定额项目表

定额项目表是定额的核心,占定额最大篇幅。

定额项目表包括以下内容:

(1)定额编号　即该项定额的编号。定额编号一般应包括单位工程、分部工程、顺序号三个单元(图2.2)。

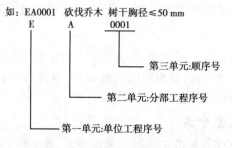

图2.2　定额编号示意图

第一单元:单位工程序号。A—建筑与装饰工程,B—仿古工程,C—安装工程,D—市政工程,E—园林绿化工程,F—构筑物……

第二单元:分部工程序号。其编制方法有用英文字母编号和用阿拉伯数字编号两种。上例中:A—绿化工程,B—园路、园桥工程,C—园林景观工程,D—措施项目。

第三单元:顺序号,按本分部顺序编制,按0001,0002,0003……编排。

(2)项目名称　即分项工程的名称。项目名称应包括该项目使用的材料、部位或构件的名称、内容、项目特征等。如:

草皮铺种散铺(定额编号:EA0277)

纹形状现浇混凝土路面厚120 mm 特细砂(定额编号:EB0001)

(3)工程内容　是指本分项工程所包括的工作范围。如:

"草皮铺种散铺"项目的工程内容有翻整土地、耙细履平、清除杂物、场内运输、铺植、浇定根水、清理等。

"纹形状现浇混凝土路面厚 120 mm 特细砂"项目的工作内容:园路、路基路床整理;放线、夯实、找平垫层、模板安拆、铺面层、嵌缝、清扫等。

(4)定额单位　是指该项目的单位,如"m""m²""m³""t""樘""台""个""套""组"。

(5)消耗量　定额消耗量包括人工工日、材料数量和机械台班的消耗量。

(6)综合单价(基价)　在建筑工程定额中,为方便计价,除消耗量外,还有综合单价,即基价。

综合单价即根据定额消耗量(包括人工、材料、机械的消耗量)和单价(包括人工、材料、机械的单价)计算,包括人工费、材料费、机械费、管理费和利润的分项工程单价。见下列各式:

$$人工费 = \sum(工日数量 \times 工日单价)$$

$$材料费 = \sum(材料数量 \times 材料单价)$$

$$管理费 = (人工费 + 机械费) \times 管理费费率$$

$$利润 = (人工费 + 机械费) \times 利润率$$

$$综合单价(基价) = 人工费 + 材料费 + 机械费 + 企业管理费 + 利润$$

2.2.3　配合比定额

配合比定额内容主要作为定额换算和编制补充预算定额之用,是定额应用的重要补充资料。

2.3　园林工程定额的应用

2.3 微课

园林工程定额的应用有直接套用、定额换算和定额补充三种形式。

2.3.1　定额的直接套用

当工程项目内容与定额内容完全相同时,可直接套用定额,这是定额应用的主要形式。直接套用定额时应注意以下几个方面:

①定额中注明"≤"的,数据应包括在内。

【例2.1】　请计算起挖乔木(带土球)胸径 6 cm 的定额基价。

【解】　起挖乔木(带土球)的定额分为"胸径 ≤6 cm""胸径 ≤10 cm"等几种。胸径 6 cm 就应该套用"胸径 ≤6 cm"的定额。

查询 2020《××省建筑工程工程量清单计价定额》,根据 EA0413 定额(表 2.1)得,起挖乔木(带土球)胸径 6 cm 的定额基价为 285.46 元(单位:10 株)。

表 2.1　EA0413 定额

定额编号	EA0413
项　　目	起挖乔木(带土球)胸径 ≤6 cm(单位:10 株)
基　　价	285.46

续表

其中	人工费	177.60	
	材料费	33.62	
	机械费	0.00	
	管理费	22.61	
	利润	51.63	
名称	单位	单价/元	数量
材　料　草绳	kg	2.49	13.5

②凡超过某档次时,无论与下一个档次相距多远,均高套下一个档次,不得在档次之间调整分配。如土球直径为 210 mm,应套用"土球直径≤400 mm",而不套用"土球直径≤200 mm"。

【例2.2】　请计算起挖乔木(带土球)胸径7 cm的定额基价。

【解】　胸径7 cm就应该套用"胸径≤10 cm"的定额。不得在"6 cm"和"10 cm"之间调整分配。

查询2020《××省建筑工程工程量清单计价定额》,根据EA0415定额(表2.2)得,起挖乔木(带土球)胸径7 cm的定额基价为1 114.32 元(单位:10 株)。

表2.2　EA0415 定额

定额编号		EA0415	
项目		起挖乔木(带土球)胸径 ≤10 cm(单位:10 株)	
基价		1 114.32	
其　中	人工费	743.70	
	材料费	59.76	
	机械费	0.00	
	管理费	94.67	
	利润	216.19	
名　称	单位	单价/元	数量
材　料　草绳	kg	2.49	24

③凡定额中查不到的项目,应仔细阅读说明和计算规则。

【例2.3】　计算砖平铺地面园路(龟背锦、中砂)的定额基价。

【解】　定额中查不到"龟背锦"项目,但定额说明中注明"龟背锦"按"八方锦"定额计算。

2.3.2　定额的换算

当工程项目内容与定额内容不完全相同时,必须对工程项目内容与定额内容之间的差异进行调整,这就是定额的换算。定额的换算应严格执行定额手册中说明部分的有关规定。

定额换算的常见情况有砂浆的换算、混凝土的换算、钢筋铁件的换算、木材材积换算、系数换算等。换算后的定额项目应在定额编号右下角标注一个"换"字,以示区别。

1) 砂浆的换算

因砂浆设计标号与定额标号不同引起换算。用量不变,人工费、机械费不变,仅通过调整砂浆材料费换算价格。其计算公式为:

换算后定额基价 = 换算前定额基价 + 定额砂浆用量 ×(换入砂浆单价 - 换出砂浆单价)

【例2.4】 某园林工程砌筑实心砖墙,混合砂浆(细砂)M2.5,请计算其定额综合单价。

【解】 由于设计要求用 M2.5 混合砂浆(细砂)砌筑,而该省现行定额相应项目是按 M5 混合砂浆确定其定额基价的,因此需要进行砂浆换算。

(1)用 M5 定额进行换算。

查询2020《××省建筑工程工程量清单计价定额》,根据 AD0011 定额(表2.3)得:

定额单价为 4 981.81 元/10 m³,混合砂浆(细砂)用量为 2.313 m³/10 m³

表 2.3　AD0011 定额

定额编号		AD0011		
项目		砖墙 混合砂浆(细砂)M5(单位:10 m³)		
基价		4 981.81		
其中	人工费	1 754.16		
	材料费	2 671.50		
	机械费	8.09		
	管理费	167.41		
	利润	380.65		
名　称		单位	单价/元	数量
材　料	水泥混合砂浆(细砂)	m³	227.6	2.313
	水泥	kg	0.4	-414.027
	标准砖	千匹	400	5.34
	石灰膏	m³	120	-0.324
	细砂	m³	120	-2.683
	水	m³	2.8	1.236
	其他材料费	元	1	5.6

(2)查询配合比定额,得知换入、换出混合砂浆的单价:

查询2020《××省建筑工程工程量清单计价定额》,根据配合比定额 YC0024(表2.4)和配合比定额 YC0023(表2.5)得:

水泥混合砂浆细砂 M5 单价:227.60 元/m³

水泥混合砂浆细砂 M2.5 单价:214.00 元/m³

表 2.4　YC0024 定额

定额编号		YC0024	
项　目		水泥混合砂浆 细砂 M5(单位 m³)	
基　价		227.60	
其　中	人工费	0.00	
	材料费	227.60	
	机械费	0.00	
	管理费	0.00	
	利润	0.00	
名　称	单位	单价/元	数量
材　料	水泥	kg	0.4	179
	细砂	m³	120	1.16
	水	m³	2.8	-0.3
	石灰膏	m³	120	0.14

表 2.5　YC0023 定额

定额编号		YC0023	
项目		水泥混合砂浆 细砂 M2.5(单位 m³)	
基价		214.00	
其　中	人工费	0.00	
	材料费	214.00	
	机械费	0.00	
	管理费	0.00	
	利润	0.00	
名称	单位	单价/元	数量
材　料	水泥	kg	0.4	136
	石灰膏	m³	1 320	0.17
	水	m³	2.8	-0.3
	细砂	m³	120	1.16

(3)计算换算单价

AD0011 换 = [4 981.81 + 2.313 × (214.00 - 227.60)]元/10 m³ = 4 950.35 元/10 m³

2) 混凝土的换算

因混凝土设计强度与定额强度不同引起的换算。用量不变,人工费、机械费不变,仅通过调整混凝土材料费换算价格。其计算公式为:

换算后定额基价 = 换算前定额基价 + 定额混凝土用量×(换入混凝土单价 - 换出混凝土单价)

【例2.5】 某园林工程,现浇混凝土(特细砂)C25圆形景观柱,请计算其定额综合单价。

【解】 由于设计要求用C25现浇混凝土(特细砂),而该省现行定额相应项目是按C30混凝土确定其定额基价的,因此需要进行砂浆换算。

①用C30定额进行换算。

查询2020《××省建筑工程工程量清单计价定额》,根据AE0030定额(表2.6)得:定额单价为4 335.92元/10 m³,混凝土(塑·特细砂、砾石粒径≤40 mm)用量为10.1 m³/10 m³。

表2.6 AE0030定额

定额编号			AE0030	
项目			现浇混凝土圆形柱(特细砂)C30(单位:10 m³)	
基价			4 335.92	
其 中	人工费		891.90	
	材料费		3 042.82	
	机械费		44.45	
	管理费		108.62	
	利润		248.13	
名称		单位	单价/元	数量
材料	混凝土(塑·特细砂、砾石粒径≤40 mm)	m³	298.3	10.1
	水泥	kg	0.45	-3 555.2
	特细砂	m³	110	-3.939
	砾石	m³	100	-9.797 000
	水	m³	2.8	10.648
	其他材料费	元	1	0.18

②查找配合比定额,得知换入、换出混凝土的单价:

查询2020《××省建筑工程工程量清单计价定额》,根据配合比定额YA0137(表2.7)和配合比定额YA0138(表2.8)得:

塑性混凝土(特细砂)砾石最大粒径40 mmC25单价:291.00元/m³

塑性混凝土(特细砂)砾石最大粒径40 mmC30单价:298.30元/m³

表 2.7 YA0137 定额

定额编号			YA0137	
项目			塑性混凝土(特细砂)砾石 最大粒径:40 mmC25(单位:m³)	
基价			291.00	
其中		人工费	0.00	
		材料费	291.00	
		机械费	0.00	
		管理费	0.00	
		利润	0.00	
名　称		单位	单价/元	数量
材料	水泥	kg	0.4	389
	特细砂	m³	110	0.34
	砾石	m³	100	0.98
	水	m³	2.8	−0.19

表 2.8 YA0138 定额

定额编号			YA0138	
项目			塑性混凝土(特细砂)砾石 最大粒径:40 mm C30(单位:m³)	
基价			298.30	
其中		人工费	0.00	
		材料费	298.30	
		机械费	0.00	
		管理费	0.00	
		利润	0.00	
名称		单位	单价/元	数量
材料	水泥	kg	0.45	352
	水泥	kg	0.4	−436
	特细砂	m³	110	0.39
	砾石	m³	100	0.97
	水	m³	2.8	−0.19

③计算换算单价

AE0030 换 = [4 335.92 + 10.1 × (291.00 − 298.30)]元/10 m³ = 4 262.19 元/10m³

3）系数换算

系数换算是指通过对定额项目人工、机械乘以规定的系数来调整定额的人工费和材料费，进而调整定额单价，适应设计要求和条件的变化，使定额项目满足不同的需要。如 2020《××省建设工程工程量清单计价定额》规定，满铺卵石地面，若需分色拼花时，定额人工费乘以系数 1.2。

【例 2.6】 某园林工程砌筑 M5 混合砂浆（细砂）弧形实心砖景墙，请计算其定额综合单价。

【解】 查询 2020《××省建筑工程工程量清单计价定额》得知：砖（石）墙身、基础如为弧形时，按相应项目人工费乘以系数 1.1，砖用量乘以系数 1.025。因此需要进行换算。

①查询 2020《××省建筑工程工程量清单计价定额》，根据 AD0011 定额（表 2.9）得：

定额单价为 4 981.81 元/10 m³，定额人工费为 1 754.16 元/10m³，定额砖用量为 5.34 千匹。

表 2.9 AD0011 定额

定额编号		AD0011		
项目		砖墙 混合砂浆（细砂）M5（单位：10 m³）		
基价		4 981.81		
其中	人工费	1 754.16		
	材料费	2 671.50		
	机械费	8.09		
	管理费	167.41		
	利润	380.65		
名　称		单位	单价/元	数量
材　料	水泥混合砂浆（细砂）	m³	227.6	2.313
	水泥	kg	0.4	−414.027
	标准砖	千匹	400	5.34
	石灰膏	m³	120	−0.324
	细砂	m³	120	−2.683
	水	m³	2.8	1.236
	其他材料费	元	1	5.6

②计算换算单价

AD0011 换 = 人工费 + 材料费 + 机械费 + 企业管理费 + 利润

$$= [1\ 754.16 \times 1.1 +$$
$$(227.6 \times 2.313 + 400 \times 5.34 \times 1.025 + 2.8 \times 1.236 + 1 \times 5.6) + 8.09 +$$
$$167.41 + 380.65 = 1\ 929.576 + 2\ 724.899\ 6 + 8.09 + 167.41 + 380.65] =$$
$$5\ 210.625\ 6\ 元/10\ m^3$$

2.3.3 定额补充

当工程项目内容与定额内容完全不相同时,需要进行定额补充,补充定额只一次性临时使用。

复习思考题

   1. 什么是园林工程定额? 怎样对其进行分类?

   2. 什么是劳动定额? 有几种表现形式?

   3. 园林定额由哪几部分组成? 各部分的意义如何?

   4. 园林定额项目表包括哪些内容?

   5. 直接套用定额应注意哪些问题?

   6. 园林定额在哪些情况需要换算? 列举换算的具体公式。

3 园林工程工程量计算

【本章导读】

本章介绍了工程量的概念及计算原则,建筑面积的计算规则及方法,园林绿化工程及部分建筑与装饰工程清单工程量的计算规则、计算方法,工程量清单的编制。

【本章课程思政】

1.提示学生结合已经学过的列项和识图知识,选择恰当的列项思路,强调条理清晰、深思熟虑的学习态度,不论学习与工作都应具备严谨认真的工匠精神。

2.自主探究完成列项和工程量计算,培养学生认真钻研的工匠精神。

3.通过评讲计算结果,鼓励学生克服畏难情绪,培养坚持到底的拼搏精神。

4.小组协作完成任务,培养学生团队协作精神。

5.在知识探索基础上,进行任务演练,培养学生知行合一的做事风格。

6.从总结漏项原因出发,强调踏实认真、严谨治学的学习态度,不论学习与工作都应具备精益求精的工匠精神。

3.1 概述

3.1.1 工程量的概念及作用

1)工程量的概念

工程量是指按一定规则并以物理计量单位或自然计量单位所表示的建设工程各分部分项工程、措施项目或结构构件的数量。物理计量单位是指以公制度量表示的长度、面积、体积和重量等计量单位,如路牙铺设以"m"为计量单位,铺种草皮以"m²"为计量单位,堆筑土山丘以"m³"为计量单位等。自然计量单位指建筑成品表现在自然状态下的简单点数所表示的个、株、块、套等计量单位,如栽植灌木可以以"株"为计量单位;花盆可以以"个"为计量单位等。

2)工程量计算的概念

工程量计算指建设工程项目以工程设计图纸、施工组织设计或施工方案及有关技术经济文件为依据,按照相关工程国家标准的计算规则、计量单位等规定,进行工程数量的计算活动,在工程建设中简称工程计量。

3）工程量计算规则

工程量计算规则是计算工程量的重要依据,采用的计算规范和定额不同,工程量计算规则也不尽相同。在计算工程量时,应根据规定的计算规则计算工程量。我国现行的计算规则主要有:

(1)工程量计算规范中的工程量计算规则　2012年12月25日,住房与城乡建设部发布国家标准《园林绿化工程工程量计算规范》(GB 50858—2013)(附录2)、《房屋建筑与装饰工程工程量计算规范》(GB 50854—2013)(附录3)等九本工程量计算规范,自2013年7月1日起施行。工程量计算规范的实施,可以规范工程计量行为,统一各专业工程量的计算规则。采用该计算规范计算出来的工程量一般是施工图纸的净量,未包括施工余量。该工程量计算规则一般用于编制工程量清单,结算中的工程计价等。

(2)定额中的工程量计算规则　2018年8月28日,住房与城乡建设部发布《园林绿化工程消耗量定额》(ZYA 2-31-2018),规定了相应项目的工程量计算规则。除了全国统一发布的定额外,各个地方和行业也颁布了相应的定额,规定了与之对应的工程量计算规则。采用该计算规则计算的工程量除了依据施工图纸外,一般还要考虑施工方法、现场情况和施工余量。该工程量计算规则主要用于工程计价。

4）工程量的作用

准确计算工程量是工程计价活动中最基本的工作,一般来说工程量有以下作用:

(1)工程量是确定建筑安装工程造价的重要依据　只有准确计算工程量,才能正确计算工程相关费用,合理确定工程造价。

(2)工程量是发包方管理工程建设的重要依据　工程量是编制建设计划、筹集资金、编制工程招标文件、工程量清单、建筑工程预算、安排工程价款的拨付和结算、进行投资控制的重要依据。

(3)工程量是承包方生产经营管理的重要依据　工程量在投标报价时是确定项目的综合单价和投标策略的重要依据。工程量在工程实施时是编制项目管理规划,安排工程施工进度,编制材料供应计划,进行工料分析,编制人工、材料、机具台班需要量,进行工程统计和经济核算,编制工程形象进度统计报表的重要依据。工程量在工程竣工时是向工程建设发包方结算工程价款的重要依据。

3.1.2　工程量的计算原则

1）工程量计算依据

①现行国家标准《建设工程工程量清单计价规范》(GB 50500—2013)(附录1)、《园林绿化工程工程量计算规范》(GB 50858—2013)(附录2)、《房屋建筑与装饰工程工程量计算规范》(GB 50854—2013)(附录3)等规范。

②国家、地方和行业发布的消耗量定额和计价定额。

③经审定通过的施工图纸及其有关的标准图集。

④经审定通过的施工组织设计或施工方案。

⑤经审定通过的其他有关技术经济文件,如工程施工合同等。

2)计量单位的确定

工程量计算规范中有两个或两个以上计量单位的项目,在工程计量时,应结合拟建工程项目的实际情况,确定其中一个作为计量单位,在同一个建设项目(或标段、合同段)中,有多个单位工程的相同工程项目计量单位必须保持一致。

3)工程计量时每一项目汇总的有效位数应遵守下列规定:

①以"t"为单位,应保留小数点后三位数字,第四位小数四舍五入;

②以"m""m²""m³"为单位,应保留小数点后两位数字,第三位小数四舍五入;

③以"株""丛""缸""套""个""支""只""块""根""座"等为单位,应取整数。

4)园林绿化工程与其他"工程量计算规范"在执行上的界限范围和划分:

对于一个园林绿化建设项目来说,不仅涉及园林绿化工程项目,还涉及其他专业工程项目。

①园林绿化工程(另有规定者除外)涉及普通公共建筑物等工程的项目以及垂直运输机械、大型机械设备进出场及安拆等项目,按现行国家标准《房屋建筑与装饰工程工程量计算规范》(GB 50854—2013)(附录3)的相应项目执行;

②涉及仿古建筑工程的项目,按现行国家标准《仿古建筑工程工程量计算规范》(GB 50855—2013)的相应项目执行;

③涉及电气、给排水等安装工程的项目,按照现行国家标准《通用安装工程工程量计算规范》(GB 50856—2013)的相应项目执行;

④涉及市政道路、路灯等市政工程的项目,按现行国家标准《市政工程工程量计算规范》(GB 50857—2013)的相应项目执行。

3.2 建筑面积计算

3.2 微课

3.2.1 建筑面积的概念和作用

1)建筑面积的概念

建筑面积是建筑物(包括墙体)所形成的楼地面面积。面积是所占平面图形的大小,建筑面积是墙体围合的楼地面面积(包括墙体的面积),因此计算建筑面积时,我们首先以外墙结构外围水平面积计算。建筑面积还包括附属于建筑物的室外阳台、雨篷、檐廊、室外走廊、室外楼梯等建筑部件的面积。

建筑面积可以分为使用面积、辅助面积和结构面积。

(1)使用面积　使用面积是指建筑物各层平面布置中,可直接为生产或生活使用的净面积之和。例如:住宅建筑中的居室、客厅、书房等。

(2)辅助面积　辅助面积是指建筑物各层平面布置中为辅助生产或辅助生活所占净面积之和。例如:住宅建筑中的楼梯、走道、卫生间等。

(3)结构面积　结构面积是指建筑物各层平面布置中的墙、柱等结构所占的面积之和。

2)建筑面积的作用

建筑面积计算是工程计量最基础的工作,正确计算建筑面积有以下几个方面的作用:

(1)建筑面积是确定建筑建设规模的重要指标　建筑面积的多少可以用来控制建设规模,

建筑面积的大小也可以用来衡量一定时期国家或企业工程建设的发展状况和生产完成情况。

(2)建筑面积是计算各种技术经济指标的重要依据 建筑面积是衡量工程造价、人工消耗量、材料消耗量和机械台班消耗量的重要技术经济指标。见下列各式：

$$单位面积工程造价 = \frac{工程总造价}{建筑面积}（元/m^2）$$

$$单位建筑面积的人工消耗量 = \frac{工程人工工日消耗量}{建筑面积}（工日/m^2）$$

$$单位建筑面积的材料消耗量 = \frac{某种材料的消耗量}{建筑面积}（m^2/m^2、m^3/m^2、kg/m^2）$$

(3)建筑面积是评价设计方案的依据 建筑设计和建筑规划中,经常使用建筑面积控制某些指标,比如容积率、建筑密度、建筑系数等。见下列各式：

$$容积率 = \frac{建筑面积}{用地面积}$$

$$建筑密度 = \frac{建筑基底面积}{用地面积} \times 100\%$$

(4)建筑面积是计算有关工程量的基础 建筑面积是计算某些分项工程的工程量和单价措施项目工程量的基础。比如平整场地、综合脚手架等工程量都是以建筑面积为基础计算的工程量。

3.2.2 建筑面积计算规则

建筑面积的计算主要依据现行国家标准《建筑工程建筑面积计算规范》(GB/T 50353—2013)。

1)应计算建筑面积的范围

(1)基本规定

①计算规定

建筑物的建筑面积应按自然层外墙结构外围水平面积之和计算。结构层高在2.2 m及以上的,应计算全面积;结构层高在2.2 m以下的,应计算1/2面积。

②计算规定解读

a.建筑物可以是民用建筑、公共建筑,也可以工业厂房。

b.自然层是按楼地面结构分层的楼层。

c.建筑面积只包括外墙的结构面积,不包括外墙抹灰厚度、装饰材料厚度所占的面积。

d.结构层高是指楼面或地面结构层上表面至上部结构层上表面之间的垂直距离(图3.1)。

e.当外墙结构本身在一个层高范围内不等厚时,以楼地面结构标高处的外围水平面积计算。

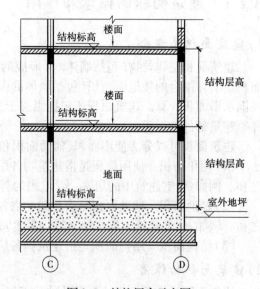

图3.1 结构层高示意图

（2）局部楼层建筑面积计算

①计算规定

建筑物内设有局部楼层时，对于局部楼层的二层及以上楼层，有围护结构的应按其围护结构外围水平面积计算，无围护结构的应按其结构底板水平面积计算。结构层高在 2.20 m 及以上的，应计算全面积；结构层高在 2.20 m 以下的，应计算 1/2 面积。

②计算规定解读

a. 围护结构是指围合建筑空间的墙体、门、窗。

b. 围护设施是指为保障安全而设置的栏杆、栏板等围挡。

【例3.1】　某生态园为贴近自然，在景区内建立一热带植物观赏园，如图 3.2 所示，假设局部楼层①、②、③层高均超过 2.20 m，计算该建筑物建筑面积。

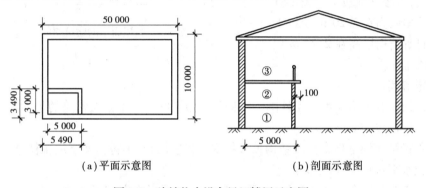

（a）平面示意图　　　　　　（b）剖面示意图

图 3.2　建筑物内设有局部楼层示意图

例3.1动画

【解】　首层建筑面积 = 50 m × 10 m = 500 m²

有围护结构的局部楼层②建筑面积 = 5.49 m × 3.49 m = 19.16 m²

无围护结构（有围护设施）的局部楼层③建筑面积 = (5 + 0.1) m × (3 + 0.1) m = 15.81 m²

合计建筑面积 = (500 + 19.16 + 15.81) m² = 534.97 m²

（3）坡屋顶建筑面积计算

①计算规定：形成建筑空间的坡屋顶，结构净高在 2.10 m 及以上的部位应计算全面积；结构净高在 1.20 m 及以上至 2.10 m 以下的部位应计算 1/2 面积；结构净高在 1.20 m 以下的部位不应计算建筑面积。

②计算规定解读：

a. 建筑空间是指以建筑界面限定的，供人们生活和活动的场所。

b. 只要具备建筑空间的两个基本要素（可出入、可利用），即使设计中未体现某个房间的具体用途，仍然应计算建筑面积。

c. 结构净高是指楼面或地面结构层上表面至上部结构层下表面之间的垂直距离（图 3.3）。

【例3.2】　某景区游客中心，坡屋面下建筑空间的尺寸如图 3.4 所示，建筑物长 50 m，计算其建筑面积。

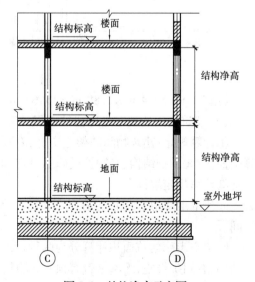

图 3.3　结构净高示意图

【解】　全面积部分：$S = [50 \times (15 - 1.5 \times 2 - 1.0 \times 2)]\,m^2 = 500\,m^2$

$1/2$ 面积部分：$S = (50 \times 1.5 \times 2 \times 1/2)\,m^2 = 75\,m^2$

合计建筑面积：$S = (500 + 75)\,m^2 = 575\,m^2$

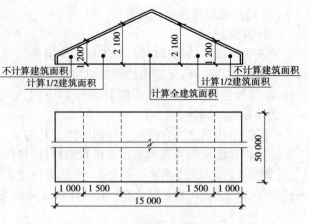

图3.4　坡屋面下的建筑空间

（4）架空层及坡地建筑物吊脚架空层建筑面积计算

①计算规定：建筑物架空层及坡地建筑物吊脚架空层，应按其顶板水平投影计算建筑面积。结构层高在 2.20 m 及以上的，应计算全面积；结构层高在 2.20 m 以下的，应计算 $1/2$ 面积。

②计算规定解读：

a.架空层是指仅有结构支撑而无外围护结构的开敞空间层。架空层常见的是学校教学楼、住宅等工程在底层设置的架空层。

b.顶板水平投影面积是指架空层结构顶板的水平投影面积，不包括架空层主体结构外的阳台、空调板、通长水平挑板等外挑部分。

【例3.3】　某动物园有一座吊脚楼，如图3.5所示，计算吊脚架空层的建筑面积。

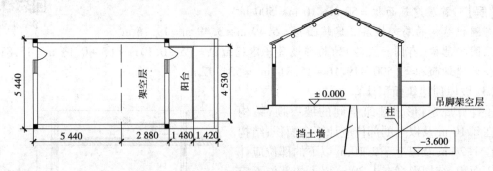

图3.5　吊脚架空层示意图

【解】　$S = 5.44\,m \times 2.88\,m = 15.67\,m^2$

（5）建筑物间的架空走廊建筑面积计算

①计算规定：建筑物间的架空走廊，有顶盖和围护结构的，应按其围护结构外围水平面积计算全面积；无围护结构、有围护设施的，应按其结构底板水平投影面积计算 $1/2$ 面积。

②计算规定解读

a.架空走廊指专门设置在建筑物的二层或二层以上，作为不同建筑物之间水平交通的空间。

b.架空走廊建筑面积计算分为两种情况：一是有围护结构且有顶盖，计算全面积；二是无围护结构、有围护设施，无论是否有顶盖，均计算 $1/2$ 面积。有围护结构的，按围护结构计算面积；无围护结构的，按底板计算面积（图3.6、图3.7）。

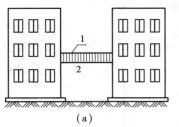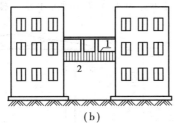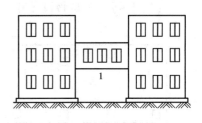

（a）　　　　　　　　　　　（b）

图3.6　无维护结构、有维护设施的架空走廊
1—栏杆；2—架空走廊

图3.7　有围护结构的架空走廊
1—架空走廊

（6）有围护设施的室外走廊建筑面积计算

①计算规定

有围护设施的室外走廊（挑廊）应按其结构底板水平投影面积计算1/2面积；有围护设施（或柱）的檐廊，应按其围护设施（或柱）的外围水平面积计算1/2面积。

②计算规定解读

a.檐廊是附属于建筑物底层外墙有屋廊作为顶盖，其下部一般有柱或栏杆、栏板等水平交通空间。

b.挑廊是指挑出建筑外墙的水平交通空间。

c.无论哪一种廊，除了必须有地面结构外，还必须有栏杆、栏板等围护设施或柱，这两个条件缺一不可，缺少任何一个条件都不计算建筑面积。

（7）门廊、雨篷建筑面积计算

①计算规定：门廊应按其顶板水平投影面积的1/2计算建筑面积。有柱雨篷应按其结构板水平投影面积的1/2计算建筑面积；无柱雨篷的结构外边线至外墙结构外边线的宽度在2.10 m及以上的，应按雨篷结构板的水平投影面积的1/2计算建筑面积（图3.8）。

②计算规定解读：

a.门廊是指建筑物出入口，无门、三面或两面有墙，上部有板围护的部位。

b.雨篷是指建筑物出入口上方，凸出墙面、为遮挡雨水而单独设立的建筑部件。

c.无柱雨篷出挑宽度，系指雨篷的结构外边线至外墙结构外边线的宽度，弧型或异形时，为最大宽度。

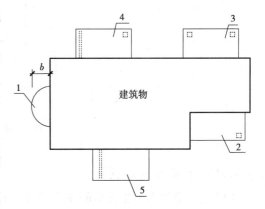

图3.8　雨篷示意图
1—悬挑雨篷；2—独立柱雨篷；3—多柱雨篷；
4—柱墙混合支撑雨篷；5—墙支撑雨篷

（8）车棚、货棚、站台、加油站、收费站等建筑面积计算

①计算规定：有顶盖无围护结构的车棚、货棚、站台、加油站、收费站等，应按其顶盖水平投影面积的1/2计算建筑面积。

②计算规定解读：顶盖下有其他能计算建筑面积的建筑物时，仍按顶盖水平投影面积计算1/2面积，顶盖下的建筑物另行计算建筑面积。

【例3.4】　某植物园内有一座车棚,如图3.9所示,计算车棚的建筑面积。

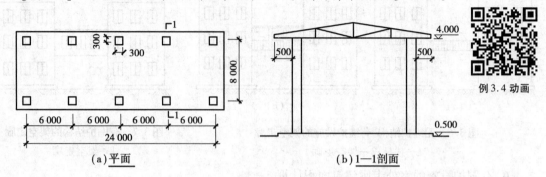

（a）平面　　　　　　　　　　（b）1—1剖面

例3.4动画

图3.9　车棚示意图

【解】　$S = (8 + 0.3 + 0.5 \times 2)\,\text{m} \times (24 + 0.3 + 0.5 \times 2)\,\text{m} \times 0.5 = 117.65\ \text{m}^2$

【例3.5】　某小游园建造一方式板亭,如图3.10所示,计算板亭的建筑面积。

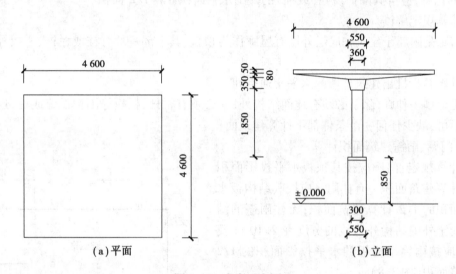

（a）平面　　　　　　　　　　（b）立面

图3.10　方亭示意图

【解】　$S = (4.6 \times 4.6 \times 0.5)\,\text{m}^2 = 10.58\ \text{m}^2$

2）不计算建筑面积的范围

（1）与建筑物内不相连通的建筑部件　建筑部件指的是依附于建筑物外墙不与户室开门连通、起装饰作用的敞开式挑台、平台,以及主体结构外的空调室外机搁板（箱）、构件、配件。

（2）骑楼、过街楼底层的开放公共空间和建筑物通道　骑楼是建筑底层沿街面后退且留出公共人行空间的建筑物。过街楼是跨越道路上空并与两边建筑相连接的建筑物。建筑物通道是为穿过建筑物而设置的空间（图3.11、图3.12）。

（3）露台、露天游泳池、花架、屋顶的水箱及装饰性结构构件　露台须同时满足4个条件：一是位置,设置在屋面、地面或雨篷顶;二是可出入;三是有围护设施;四是无盖。

（4）勒脚、附墙柱、垛、台阶、墙面抹灰、装饰面、镶贴块料面层、装饰性幕墙、空调室外机搁板（箱）、构件、配件、挑出宽度在2.10 m以下的无柱雨篷和顶盖高度达到或超出两个楼层的无柱雨篷。结构柱应计算建筑面积,不计算建筑面积的"附墙柱"是指非结构性装饰柱。

（5）建筑物以外的地下人防通道　独立的烟囱、烟道、地沟、油（水）罐、气柜、水塔、贮油（水）池、贮仓、栈桥等构筑物。

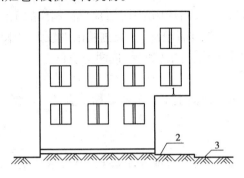

图3.11　骑楼示意图
1—骑楼；2—人行道；3—街道

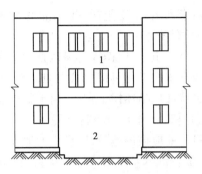

图3.12　过街楼示意图
1—过街楼；2—建筑物通道

3.3(1)微课　　3.3(2)微课

3.3　工程量计算

中国古典园林是随着古代文明的发展而出现的一种艺术构筑。中国园林的建造历史悠久，已逾3 000年，园林的要素主要是山、水、物（植物、动物）的建筑。园林一般以游赏和休闲为主。

目前一般认为，在一定地域内运用工程及艺术的手段，通过改造地形、建造建筑（构筑）物、种植花草树木、铺设园路、设置小品和水景等，对园林各个施工要素进行工程处理，使目标园林达到一定的审美要求和艺术氛围，这一工程的实施过程称为园林工程。

本节以现行国家标准《园林绿化工程工程量计算规范》（GB 50858—2013）（参见附录3）和《房屋建筑与装饰工程工程量计算规范》（GB 50854—2013）（参见附录4）中清单项目设置和工程量计算规则为主，介绍园林绿化工程和部分建筑与装饰工程的计算规则与方法、工作内容、项目特征等。其中主要包括绿化工程、园路、园桥工程、园林景观工程、土石方工程、砌筑工程、混凝土及钢筋混凝土工程、木结构工程、装饰工程等。

3.3.1　绿化工程(编码：05011)

绿化工程是指树木、花卉、草坪、地被植物等的植物种植工程。通过种植树林花草以达到改善气候、净化空气、美化环境以及防止水土流失的功能与作用。绿化工程应注重环境的生态、经济、社会效益的统一，代表的是一种绿意盎然的景观。绿化工程包括绿地整理、栽植花木、绿地喷灌等工程项目。

1）绿地整理（编码：050101）

绿地整理包括砍伐乔木、挖树根（蔸）、砍挖灌木丛及根、砍挖竹及根、砍挖芦苇（或其他水生植物）及根、清除草皮、清除地被植物、屋面清理、种植土回（换）填、整理绿化用地、绿地起坡造型、屋顶花园基底处理等项目。

对规范所列项目的工作内容,除另有规定和说明外,应视为已经包括完成该项目的全部工作内容,未列内容或未发生,不应另行计算。施工过程中必然发生的机械移动、材料运输等辅助内容虽然未列出,也应包括。以成品考虑的项目,如采用现场制作的,应包括制作的工作内容。

(1)砍伐乔木　乔木是指有明显主干,分枝点离地面较高,各级侧枝区别较大的木本植物。如云杉、松树、玉兰、白桦等。绿地整理将砍伐乔木、挖树根(蔸)拆成两个项目。

砍伐乔木的工程量按数量以"株"计算。

项目特征应描述树干胸径,树干胸径应为地表面向上 1.2 m 高处树干直径。

(2)挖树根(蔸)　挖树根(蔸)的工程量按数量以"株"计算。

项目特征应描述地径,地径应为地表面向上 0.1 m 高处树干直径。

(3)砍挖灌木丛及根　灌木指树体矮小,无明显主干,或主干甚短,但枝干丛生。如木槿、夹竹桃、南天竹等。

砍挖灌木丛及根的工程量可以按数量以"株"计算,也可以按面积以"m²"计算。

项目特征应描述丛高或蓬径,蓬径应为灌木、灌丛垂直投影面的直径。

(4)砍挖竹及根　竹类植物是指地上杆茎直立有节,节坚实而明显,节间中空的植物。包括散生竹、丛生竹。

砍挖竹及根的工程量按数量以"株"或"丛"计算。

(5)砍挖芦苇(或其他水生植物)及根　芦苇根细长、坚韧,挖掘工具要锋利,芦苇根必须清除干净。

砍挖芦苇(或其他水生植物)及根的工程量按面积"m²"计算。

(6)清除草皮　草皮又称草坪,是指栽植人工选育的草种作为矮生密集型的植被,经养护修剪形成整齐均匀的草地。

清除草皮的工程量按面积"m²"计算。

(7)清除地被植物　地被植物是指植株丛密集、低矮,用于覆盖地面的植物,包括贴近地面或匍匐地面生长的草本和木本植物。

清除地被植物的工程量按面积"m²"计算。

(8)屋面清理　屋面清理的工程量按设计图示尺寸以面积"m²"计算。

项目特征应描述屋面高度,屋面高度是指室外地面至屋顶顶面的高度。

(9)种植土回(换)填　种植土回(换)填的工程量可以按设计图示回填面积乘以回填厚度以体积"m³"计算,也可以按设计图示数量以"株"计算。

(10)整理绿化用地　整理绿化用地项目包含厚度≤300 mm 回填土,厚度>300 mm 回填土,应按现行国家标准《房屋建筑与装饰工程工程量计算规范》GB 50854—2013(附录4)相应项目编码列项。

整理绿化用地的工程量按设计图示尺寸以面积"m²"计算。

【例3.6】　某住宅小区内有一绿地如图3.13所示,现重新整修,需要把以前所种植物全部更新。绿地面积为320 m²,绿地中两个灌木丛占地面积为80 m²,竹林面积为50 m²,挖出土方量为30 m³。场地需要重新平整,绿地内为三类土,挖出土方量为130 m³,种入植物后还余30 m³,计算其清单工程量。

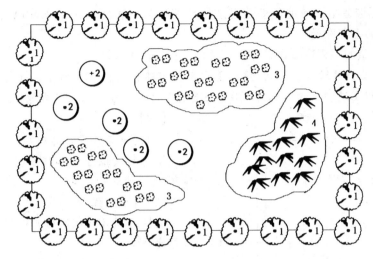

图3.13 某小区绿地

1—垂丝海棠(27株);2—白玉兰(5株);3—月季(共70株);4—竹子(53株)

【解】

(1)清单工程量计算规则:

①砍伐乔木、挖树根(蔸)、砍挖灌木丛、砍挖竹及根的工程量均按数量以"株"计算。

②清除草皮的工程量按面积"m²"计算。

③整理绿化用地的工程量按设计图示尺寸以面积"m²"计算。

④挖一般土方、土石方回填均按设计图示尺寸以体积计算。

(2)清单工程量计算(表3.1):

表3.1 工程量计算表

工程名称:某小区绿地

序号	项目编码	项目名称	计算式	计量单位	工程量
1	050101001001	砍伐乔木(垂丝海棠)		株	27
2	050101001002	砍伐乔木(白玉兰)		株	5
3	050101002001	挖树根(垂丝海棠)		株	27
4	050101002002	挖树根(白玉兰)		株	5
5	050101003001	砍挖灌木丛(月季)		株	70
6	050101004001	砍挖竹及根		株	53
7	050101006001	清除草皮	$(320-80-50)\,\text{m}^2 = 190\,\text{m}^2$	m²	190
8	050101010001	整理绿化用地		m²	320
9	010101002001	挖土方		m³	130
10	010103001001	土方回填	$V_{回填} = V_{挖方} - V_{余方} = (130-30)\,\text{m}^3 = 100\,\text{m}^3$	m³	100

注:①如树干直径不同时,应分别列项计算。

②挖一般土方、土石方回填的计算规则参见现行国家标准《房屋建筑与装饰工程工程量计算规范》(GB 50854—2013)。

（11）绿地起坡造型　绿地起坡造型适用于坡顶与坡底高差在1.2 m以内或平均坡度在15°以内的绿地的土方堆置。

绿地起坡造型的工程量按设计图示尺寸以体积"m³"计算。

【例3.7】　某公共绿地，因工程建设需要进行重建，如图3.14所示。绿地尺寸为50 m×40 m，进行土方堆土造型1的体积为200 m³，造型2的体积为50 m³，计算绿地起坡造型体积。

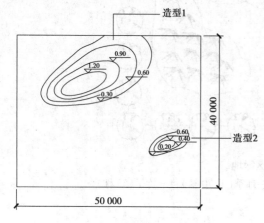

图3.14　绿地起坡造型示意图

【解】

（1）清单工程量计算规则：

绿地起坡造型的工程量按设计图示尺寸以体积"m³"计算。

（2）清单工程量计算：

项目编码:050101011001　　　项目名称:绿地起坡造型

工程量 = (200 + 50)m³ = 250 m³

（12）屋顶花园基底处理　屋顶花园基底处理的工程量按设计图示尺寸以面积"m²"计算。屋顶花园基层处理项目做法多样，可根据设计不同，调整相应的工作内容。

2）栽植花木（编码:050102）

栽植花木包括栽植乔木、栽植灌木、栽植竹类、栽植棕榈类、栽植绿篱、栽植攀缘植物、栽植色带、栽植花卉、栽植水生植物、垂直墙体绿化种植、花卉立体布置、铺种草皮、喷播植草（灌木）籽、植草砖内植草、挂网、箱/钵栽植等项目。

栽植花木的项目中涉及挖土外运、借土回填、挖（凿）土（石）方应包括在相关项目内。苗木移（假）植应按花木栽植相关项目单独编码列项。

《城市绿化工程施工及验收规范》对于绿化项目的成活率是有明确要求的，如:乔、灌木的成活率应达到95%以上，花卉成活率应达到95%；作为承包人应按照上述规范要求施工移交，考虑到现实中发包人提出超出规范标准的成活率要求，发包人如有成活率要求时，应在特征描述中加以描述。

（1）栽植乔木　栽植乔木的工程量按设计图示数量以"株"计算。

土球包裹材料、树体输液保湿及喷洒生根剂等费用包含在相应项目内。

项目特征应描述苗木种类、冠径、株高、养护期。苗木种类应根据设计具体描述苗木的名称。冠径又称冠幅，应为苗木冠丛垂直投影面的最大直径和最小直径之间的平均值。株高应为地表面至树顶端的高度。

养护期应为招标文件中要求苗木种植结束后承包人负责养护的时间。种植施工期间的养护属于正常的种植工序，《城市绿化工程施工及验收规范》中规定:栽植乔木、灌木、攀缘植物，应在一个年生长周期满后方可验收；秋季种植的宿根花卉、球根花卉应在第二年春季发芽出土后验收。

（2）栽植灌木　灌木在园林绿化中的用途非常广泛，其应用范围和作用仅次于乔木类，灌木类大多具有美丽芳香的花朵或色彩艳丽的果实，再加上其体量较小，便于管理和修剪。

栽植灌木的工程量可以按设计图示数量以"株"计算，也可以按设计图示尺寸以绿化水平投影面积"m²"计算。

项目特征应描述灌木的冠丛高、蓬径等。冠丛高应为地表面至乔(灌)木顶端的高度。蓬径应为灌木、灌丛垂直投影面的直径。

(3)栽植竹类 栽植竹类的工程量按设计图示数量"株(丛)"计算。

(4)栽植棕榈类 棕榈植物的主要特点是不分枝,具有简练的高度和自然完整的树冠,每一个叶片具有独立的观赏价值,免除了大量的人工修剪。

栽植棕榈类的工程量按设计图示数量株(丛)计算。

项目特征应描述地径等,地径应为地表面向上0.1 m高处树干直径。

(5)栽植绿篱 绿篱是指用灌木或小乔木密植成行(片)密植,修剪而成的植物墙可用以代替篱笆、栏杆和墙垣,具有屏障作用,并可作为雕塑、喷泉等装饰小品的背景,构成图案造型。

栽植绿篱的工程量可以按设计图示长度以延长米计算,也可以按设计图示尺寸以绿化水平投影面积计算。

项目特征应描述绿篱的篱高等,篱高应为地表面至绿篱顶端的高度。

(6)栽植攀缘植物 攀缘植物是指以某种方式攀附于其他物体上生长,主干茎不能直立的植物。如爬山虎、紫藤等。

栽植攀缘植物的工程量可以按设计图示数量以"株"计算,也可以按设计图示种植长度以延长米计算。

(7)栽植色带 栽植色带是指不同品种的木本或草本片植成花坛,构成图案或字体或不同色彩。

栽植色带的工程量按设计图示尺寸以绿化水平投影面积"m²"计算。

(8)栽植花卉 花卉是指以观赏特性而进行种植的植物。

栽植花卉的工程量可以按设计图示数量以"株(丛、缸)"计算,也可以按设计图示尺寸以水平投影面积"m²"计算。

(9)栽植水生植物 水生植物指完全能在水中生长的植物,包括湿生植物、挺水植物、浮叶植物。

栽植水生植物的工程量可以按设计图示数量以"株(丛、缸)"计算,也可以按设计图示尺寸以水平投影面积"m²"计算。

(10)垂直墙体绿化种植 垂直墙体绿化种植的工程量可以按设计图示尺寸以绿化水平投影面积以"m²"计算,也可以按设计图示种植长度以延长米计算。

墙体绿化浇灌系统按《园林绿化工程工程量计算规范》A.3绿地喷灌相关项目单独编码列项。

【例3.8】 某公园墙体做垂直绿化,墙体种植小叶女贞,植株高度0.4 m。墙长10 m,墙高3 m,如图3.15所示,计算垂直墙体绿化种植清单工程量。

【解】

(1)清单工程量计算规则:

垂直墙体绿化种植的工程量可以按设计图示

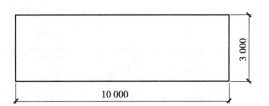

图3.15 墙体垂直绿化示意图

尺寸以绿化水平投影面积以"m²"计算,也可以按设计图示种植长度以延长米计算。

(2)清单工程量计算:

项目编码:050102010001　　　项目名称:垂直墙体绿化种植

工程量:按绿化水平投影面积计算 $S = 10 \times 0.4 \text{ m}^2 = 4 \text{ m}^2$

　　　　或按种植长度计算 $L = 10 \text{ m}$

(3)说明:计算规范附录中有两个或两个以上计量单位的,应结合拟建工程项目的实际情况,确定其中一个为计量单位。同一工程项目的计量单位应一致。

(11)花卉立体布置　花卉立体布置的工程量可以按设计图示数量"单体(处)"计算,也可以按设计图示尺寸以面积"m²"计算。

(12)铺种草皮　草皮指干枝叶均匍地而生,或成片种植覆盖地面的草本植物。铺种草皮主要指人工种植管理的,低短质细的禾草或少数莎草组成的草皮,是铺展在地面的绿毯。

铺种草皮的工程量按设计图示尺寸以绿化投影面积"m²"计算。

【例3.9】　某局部绿化如图3.16所示,整体为草地及踏步,踏步厚度为120 mm,其他尺寸见图中标注,计算铺植的草坪工程量。

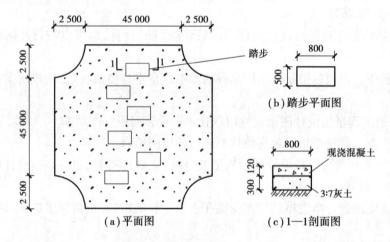

(a)平面图　　　(b)踏步平面图　　　(c)1—1剖面图

图3.16　局部绿化示意图

【解】

(1)清单工程量计算规则:

铺种草皮的工程量按设计图示尺寸以绿化投影面积"m²"计算。

(2)清单工程量计算:

项目编码:050102012001　　　项目名称:铺种草皮

$$\text{工程量} = \left[(2.5 \times 2 + 45)^2 - 3.14 \times 2.5^2 - 0.8 \times 0.5 \times 6 \right] \text{m}^2$$
$$= 2\,477.98 \text{ m}^2$$

例3.9 动画

(13)喷播植草(灌木)籽　喷播植草(灌木)籽是指采用机械将贮存在一定容器中的草种、肥料、水等喷到需育草的地面或斜坡上。

喷播植草(灌木)籽的工程量按设计图示尺寸以绿化投影面积"m²"计算。

（14）植草砖内植草　植草砖内植草是指在花格地砖漏空中铺种。

植草砖内植草的工程量按设计图示尺寸以绿化投影面积"m²"计算。

（15）挂网　挂网的工程量按设计图示尺寸以挂网投影面积"m²"计算。

（16）箱（钵）栽植　箱/钵栽植的工程量按设计图示箱/钵数量以"个"计算。

【例3.10】　某公园因工程需要，需进行重建，如图3.17所示。绿化面积为300 m²，原有20株乔木需要伐除，其胸径18 cm、地径25 cm；绿地需要进行土方堆土造型计180 m³，平均堆地高度60 cm；新种植树种为：香樟30株，胸径25 cm、冠径300～350 cm；栽植睡莲20 m²；新铺草坪为：百幕大满铺300 m²，苗木养护期均为一年。试计算该绿化工程清单工程量。

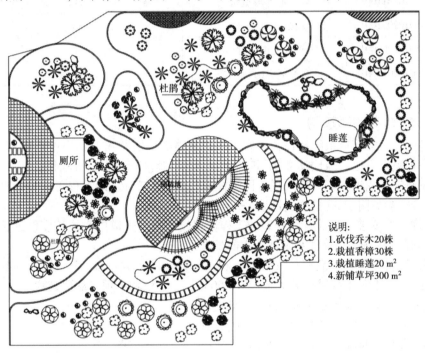

说明：
1. 砍伐乔木20株
2. 栽植香樟30株
3. 栽植睡莲20 m²
4. 新铺草坪300 m²

图3.17　某公园绿化种植图

【解】

（1）清单工程量计算规则：

①砍伐乔木按数量以"株"计算。

②挖树根按数量以"株"计算。

③整理绿化用地的工程量按设计图示尺寸以面积"m²"计算。

④绿地起坡造型的工程量按设计图示尺寸以体积"m³"计算。

⑤栽植乔木的工程量按设计图示数量以"株"计算。

⑥栽植水生植物的工程量可以按设计图示数量"株（丛、缸）"计算，也可以按设计图示尺寸以水平投影面积"m²"计算。

⑦铺种草皮的工程量按设计图示尺寸以绿化投影面积"m²"计算。

（2）清单工程量计算（表3.2）：

表3.2　工程量计算表

工程名称：某公园绿地

序号	项目编码	项目名称	计算式	计量单位	工程量
1	050101001001	砍伐乔木		株	20
2	050101002001	挖树根		株	20
3	050101010001	整理绿地用地		m²	300
4	050101011001	绿地起坡造型	略	m³	180
5	050102001001	栽植乔木（香樟）		株	30
6	050102009001	栽植水生植物（睡莲）		m²	20
7	050102012001	铺种草皮（百幕大）		m²	300

3）绿地喷灌（编码：050103）

喷灌是用专门的管道系统和设备将有压水送至喷灌地段并喷射到空中形成细小水滴洒到绿地间的一种喷灌方法。绿地喷灌包括喷灌管线安装、喷灌配件安装等项目。

绿地喷灌涉及挖填土石方应按现行国家标准《房屋建筑与装饰工程工程量计算规范》（GB 50854—2013）（参见附录3）相关项目编码列项。

（1）喷灌管线安装　喷灌管线安装的工程量按设计图示管道中心线长度以延长米计算，不扣除检查（阀门）井、阀门、管件及附件所占的长度。

（2）喷灌配件安装　喷灌配件安装的工程量按设计图示数量以"个"计算。阀门井应按现行国家标准《市政工程工程量计算规范》（GB 50857—2013）相关项目编码列项。

【例3.11】　某公园绿地喷灌设施，如图3.18所示，主管道为DN40镀锌钢管，承压力为1 MPa；分支管道为UPVC，承压力为0.5 MPa，管口直径为25 mm；管道上装有低压螺纹阀门。主管道每条长50 m，分支管道每条长20 m。管道口装有喇叭口喷头，试计算其清单工程量。

【解】

（1）清单工程量计算规则：

①喷灌管线安装的工程量按设计图示管道中心线长度以延长米计算，不扣除检查（阀门）井、阀门、管件及附件所占的长度。

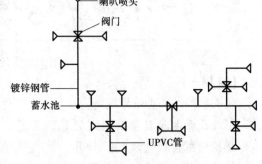

图3.18　喷灌设施图

②喷灌配件安装的工程量按设计图示数量以"个"计算。

（2）清单工程量计算（表3.3）：

表3.3　工程量计算表

工程名称：某绿地喷灌设施

序号	项目编码	项目名称	计算式	计量单位	工程量
1	050103001001	喷灌管线安装（镀锌钢管DN40）	2×50＝100	m	100

续表

序号	项目编码	项目名称	计算式	计量单位	工程量
2	050103001002	喷灌管线安装（UPVC）	$18 \times 20 = 360$	m	360
3	050103002001	喷灌配件安装（喇叭喷口）		个	18
4	050103002002	喷灌配件安装（螺纹阀门）		个	5

3.3.2　园路、园桥工程(编码:050202)

本节适用于公园、小游园、庭园的园路、园桥、水面驳岸等,不适用于按市政道路设计标准设计的道路。

园路是指园林中的道路。园林道路是园林的组成部分,分为主路、支路、小路、园务路,其功能是组织空间、交通运输、引导游览、休憩观景,其本身也成为观赏对象。

园桥是园林中供游人通行的步桥,也是园林的组成部分。园桥的基本功能是联系园林水体两岸上的道路。园桥是水面上联系交通的建筑,既有联系景点交通、组织游览路线、变化观赏视线的实用功能,又有美化、点缀山水景观,增加水面空间层次等美学功能。

园路、园桥工程包括园路、园桥工程、驳岸、护岸等内容。

1) 园路、园桥工程(编码:050201)

园路、园桥工程包括园路、踏(蹬)道、路牙铺设、树池围牙、盖板(箅子)、嵌草砖(格)铺装、桥基础、石桥墩、石桥台、拱券石、石券脸、金刚墙砌筑、石桥面铺筑、石桥面檐板、石汀步(步石、飞石)、木制步桥等项目。

园路、园桥工程的挖土方、开凿石方、回填等应按现行国家标准《市政工程工程量计算规范》(GB 50857—2013)相关项目编码列项。如遇某些构配件使用钢筋混凝土或金属构件时,应按现行国家标准《房屋建筑与装饰工程工程量计算规范》(GB 50854—2013)或《市政工程工程量计算规范》(GB 50857—2013)相关项目编码列项。地伏石、石望柱、石栏杆、石栏板、扶手、撑鼓等应按现行国家标准《仿古建筑工程工程量计算规范》(GB 50855—2013)相关项目编码列项。水(小)码头各分部分项项目按照园桥相应项目编码列项。台阶项目应按现行国家标准《房屋建筑与装饰工程工程量计算规范》(GB 50854—2013)相关项目编码列项。混合类构件园桥应按现行国家标准《房屋建筑与装饰工程工程量计算规范》(GB 50854—2013)或《通用安装工程工程量计算规范》(GB 50856—2013)相关项目编码列项。

(1)园路　园路的工程量按设计图示尺寸以面积"m²"计算,不包括路牙。园路如有坡度时,工程量以斜面积计算。

常见的路面材料种类有混凝土路面、沥青路面、石材路面、砖砌路面、卵石路面、片石路面、碎石路面、瓷片路面等(图3.19、图3.20)。

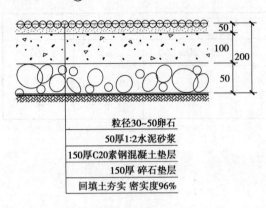

图3.19　卵石路

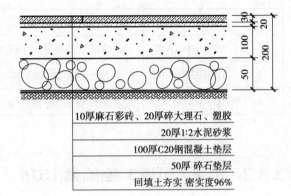

图3.20　碎大理石路

【例3.12】 某小区绿地内园路如图3.21所示,园路宽1.5 m(不含路牙)、长10 m,采用碎片花岗石与1:2水泥青石屑划块拉毛混拼,计算其园路清单工程量。

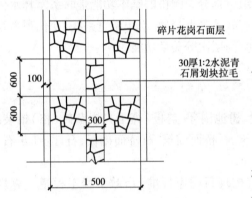

图3.21　园路铺装示意图

【解】

(1)清单工程量计算规则:

园路的工程量按设计图示尺寸以面积"m^2"计算,不包括路牙。

(2)清单工程量计算:

项目编码:050201001001　　项目名称:园路

工程量 $= 10 \text{ m} \times 1.5 \text{ m} = 15 \text{ m}^2$

(2)踏(蹬)道　踏道是指随坡就势修筑的阶梯状路面,其与台阶的区别在于台阶是在平地用砖石筑起的阶梯,而踏步是按路面的做法随地势做垫层,上面叠压铺面层砖石而成。

踏(蹬)道的工程量按设计图示尺寸以水平投影面积"m^2"计算,不包括路牙。

(3)路牙铺设　路牙是指分隔路面与两侧地面的带状构造部分。可用砖或石镶铺。

路牙铺设按设计图示尺寸以长度"m"计算。路牙铺设如有坡度时,工程量按斜长计算。

【例3.13】 某园林道路,需要在其路面两侧安置路牙,已知某园路长30 m,路牙如图3.22所示,计算路牙清单工程量。

【解】

(1)清单工程量计算规则:

路牙铺设按设计图示尺寸以长度"m"计算。

(2)清单工程量计算:

项目编码:050201003001

项目名称:路牙铺设

工程量 $= 30 \text{ m} \times 2 = 60 \text{ m}$

(3)说明:因为道路两侧均安置路牙,所以路牙的工程量是道路长度的两倍,因此要乘以2。

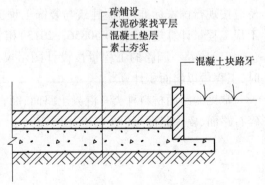

图3.22　路牙示意图

（4）树池围牙、盖板（箅子）　当在有铺装的地面上栽种树木时,应在树木的周围保留一块没有铺装的土地,叫树池或树穴。树池围牙是将预制混凝土块埋置于树池的边缘,对树池起围护作用,防止外界因素对花草树木造成伤害的保护性设施。树池围牙可以用普通砖直埋,也可以用预制混凝土条块及条石镶砌。

树池盖板（箅子）也称树池透气护栅,指在树池上装设的防护性覆盖物,其作用是覆盖在树池上,以保护池内的土壤不被践踏而保持树池通气、地面水可以通过其上的气孔或缝隙流入树池内。常用的有铸铁箅子、预制钢筋混凝土带气盖板、木条木板盖板等。

树池围牙、盖板（箅子）的工程量以米计量,按设计图示尺寸以长度计算;以套计量,按设计图示数量计算。树池围牙铺设方式指围牙的平铺、侧铺。

【例3.14】　某园林中有一正方形的树池,其四周进行围牙平铺处理,尺寸如图3.23所示,计算树池围牙的清单工程量。

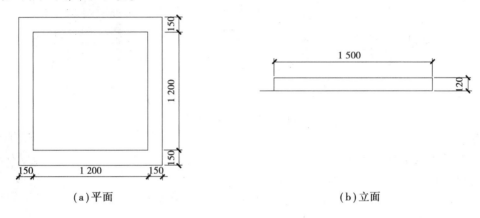

（a）平面　　　　　　　　　　　　　　　（b）立面

图3.23　树池示意图

【解】

（1）清单工程量计算规则：

树池围牙、盖板（箅子）的工程量以米计量,按设计图示尺寸以长度计算;以套计量,按设计图示数量计算。

（2）清单工程量计算：

项目编码:050201004001　　　项目名称:树池围牙

工程量 = (1.2 + 0.15) m × 4 = 5.40 m

（3）说明:计算长度时,可按树池围牙中心线长度计算。

（5）嵌草砖（格）铺装　嵌草砖（格）属于透水透气性铺地之一种。按设计可做成不同形状、不同规格,也可做成彩色的砌块（图3.24）。

嵌草砖（格）铺装的工程量按设计图示尺寸以面积"m^2"计算。嵌草砖（格）铺装工程量不扣除镂空部分的面积,如在斜坡上铺设时,按斜面积计算。

（6）桥基础　桥基础是指把桥梁自重以及作用于桥梁上的各种荷载传至地基的构件。

桥基础的工程量按设计图示尺寸以体积"m^3"计算

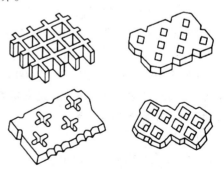

图3.24　可种草的混凝土预制砖

（例题见例3.15）。桥基础在施工时,根据施工方案规定需筑围堰时,筑拆围堰的费用,应列在工程量清单措施项目费内。

（7）石桥墩、石桥台　桥墩是指支承相邻桥跨结构,并将其荷载传给地基的构筑物。

桥台指位于桥的两端与路基相衔接,并将桥上荷载传递到基础,又承受台后填土压力的构筑物。

石桥墩、石桥台的工程量按设计图示尺寸以体积"m³"计算。

【例3.15】　某园桥如图3.25所示,桥墩下采用独立基础,独立基础的底面为正方形。石桥墩体积为3 m³,石桥台体积为5 m³。计算桥墩基础、石桥墩、石桥台清单工程量。

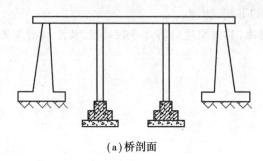

（a）桥剖面　　　　　　　　　　（b）桥墩基础剖面

图3.25　桥示意图

【解】

（1）清单工程量计算规则:

①桥基础的工程量按设计图示尺寸以体积"m³"计算。

②石桥墩、石桥台的工程量按设计图示尺寸以体积"m³"计算。

（2）清单工程量计算:

①项目编码:050201006001　　　　项目名称:桥墩基础

$$工程量 = \left[(0.4 + 0.2 \times 2)^2 \times 0.3 + 0.4^2 \times 0.3 \right] \times 2 \text{ m}^3$$
$$= 0.48 \text{ m}^3$$

②项目编码:050201007001　　　　项目名称:桥墩　工程量 = 3 m³

③项目编码:050201007002　　　　项目名称:桥台　工程量 = 5 m³

（3）说明:独立基础体积 = 各层体积相加(用长方体和棱台公式)。

（8）拱券石　拱券即桥身石券,是石拱桥主要承重结构,通常做成圆弧形或悬链线形,上面支承着拱上结构。拱券承受的荷载通过拱脚传到桥台上,再通过桥台将全部荷载传到地基上。

拱券石的工程量按设计图示尺寸以体积"m³"计算(例题见例3.16)。

（9）石券脸　石券脸是指石券最外端的一圈旋石。

石券脸的工程量按设计图示尺寸以面积"m²"计算。

【例3.16】　有一拱桥,采用600 mm厚的花岗石安装拱旋石,桥拱展开面宽度为1.5 m。石券脸的制作、安装采用青白石。拱桥具体构造如图3.26所示。计算拱券石、石券脸清单工程量。

【解】

（1）清单工程量计算规则:

①拱券石的工程量按设计图示尺寸以体积"m³"计算。

例3.15 动画

例3.16 动画

② 石券脸的工程量按设计图示尺寸以面积"m²"计算。

（2）清单工程量计算：

① 项目编码：050201008001

项目名称：拱券石

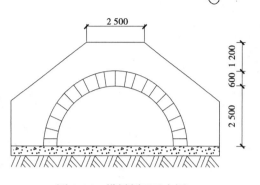

图 3.26 拱桥剖面示意图

$$工程量 = \left\{ \frac{1}{2} \times 3.14 \times [(2.5+0.6)^2 - 2.5^2)] \times 1.5 \right\} m^3 = 7.91 \ m^3$$

② 项目编码：050201009001   项目名称：拱券石券脸

$$工程量 = \left\{ \frac{1}{2} \times 3.14 \times [(2.5+0.6)^2 - 2.5^2)] \times 2 \right\} m^2 = 10.55 \ m^2$$

（3）说明：石券脸即石层外侧的贴脸，石层的截面已知，石券脸的面积即为截面积。两侧石券脸的面积，所以乘以 2。

（10）金刚墙砌筑 金刚墙是指券脚下的垂直承重墙，是一种加固性质的墙。古建筑中称隐蔽部位的墙体为金刚墙。

金刚墙的工程量砌筑按设计图示尺寸以体积"m³"计算。

（11）石桥面铺筑 石桥面铺筑一般采用石板、石条铺砌。

石桥面铺筑的工程量按设计图示尺寸以面积"m²"计算。

（12）石桥面檐板 石桥面檐板是指钉在石桥面檐口处起封闭作用的板。

石桥面檐板的工程量按设计图示尺寸以面积"m²"计算。

（13）石汀步（步石、飞石） 汀步是步石的一种类型是，设置在水上。指在浅水中按一定间距布设块石，微露水面，使人跨步而过。园林中设置这种古老渡水设施，质朴自然，别有情趣。

石汀步（步石、飞石）的工程量按设计图示尺寸以体积"m³"计算。

（14）木制步桥 木制步桥是指建筑在庭园内的、由木材加工制作，主桥孔洞一般在 5 m 以内，供游人通行兼有观赏价值的桥梁。

木制步桥的工程量按桥面板设计图示尺寸以面积"m²"计算。桥宽度、桥长度均以桥板的铺设宽度与长度为准。木制步桥的部件，可分为木桩、木梁、木桥板、木栏杆、木扶手，各部件的规格应进行描述。

【例 3.17】 有一木制步桥如图 3.27 所示，桥宽 1.5 m，计算其清单工程量。

【解】

（1）清单工程量计算规则：

木制步桥的工程量按桥面板设计图示尺寸以面积"m²"计算。

（2）清单工程量计算：

项目编码：050201014001   项目名称：木制步桥

$$工程量 = [(2.27+2.75) \times 1.5 \div 2 + (2+2.755+2.5+2.755) \times 1.5 \div 2] m^2 = 11.27 \ m^2$$

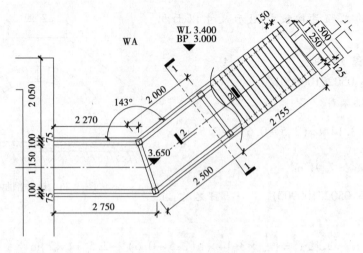

图 3.27　木桥平面图

（15）栈道　栈道又称阁道，是一种置于建筑之间的空中通道。

栈道的工程量按面板设计图示尺寸以面积"m²"计算。

2）驳岸、护岸（编码：050202）

驳岸是园林内人工砌筑的水岸形式。为防止岸坡坍塌而砌筑，可分为自然式和规则式两种类型。规则式驳岸系用石、砖或混凝土砌筑的整形驳岸，有条石、块石、乱石、虎皮石等，自然式驳岸用山石叠筑，有高低参差错落，趋于自然形态。驳岸、护岸包括石（卵石）砌驳岸、原木桩驳岸、满（散）铺砂卵石护岸（自然护岸）、点（散）布大卵石、框格花木护岸等项目。

驳岸工程的挖土方、开凿石方、回填等应按现行国家标准《房屋建筑与装饰工程工程量计算规范》（GB 50854—2013）（参见本教材附录4）相关项目编码列项。钢筋混凝土仿木桩驳岸，其钢筋混凝土及表面装饰应按现行国家标准《房屋建筑与装饰工程工程量计算规范》（GB 50854—2013）（参见本教材附录4）相关项目编码列项。若表面"塑松皮"应按现行国家标准《园林绿化工程工程量计算规范》（GB 50858—2013）（参见本教材附录3）中"园林景观工程"相关项目编码列项。

（1）石（卵石）砌驳岸　石砌驳岸指采用石块或卵石对园林水景岸坡的处理。石砌驳岸是园林工程中最主要的护坡形式。它主要依靠墙身自重来保持岸壁的稳定，抵抗墙后土壤的压力。驳岸结构由基础、墙身和压顶三部分组成。

石（卵石）砌驳岸的工程量可以按设计图示尺寸以体积"m³"计算，也可以按质量以"t"计算。

【例 3.18】　某人工湖泊为石砌垂直型驳岸，如图 3.28 所示，其高 1.8 m，长 0.6 m，厚0.35 m，计算其清单工程量。

【解】

（1）清单工程量计算规则：

石（卵石）砌驳岸的工程量可以按设计图示尺寸以体积"m³"计算，也可以按质量以"t"

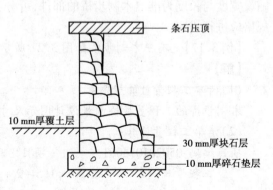

图 3.28　驳岸结构示意图

计算。

（2）清单工程量计算：

项目编码：050202001001　　项目名称：石砌驳岸

$$工程量 = 长 \times 宽 \times 高$$
$$= 0.6 \text{ m} \times 0.35 \text{ m} \times 1.8 \text{ m}$$
$$= 0.17 \text{ m}^3$$

（2）原木桩驳岸　原木桩驳岸是指公园、小区、街边绿地等溪流河边造境驳岸，一般做法是取伐倒的树干或适用的粗枝，横向截断成规定长度的木桩形成的驳岸。木桩钎（梅花桩）按原木桩驳岸项目单独编码列项。

原木桩驳岸的工程量可以按设计图示桩长（包括桩尖）以"m"计算，也可以按设计图示数量以"根"计算。在描述项目特征时桩的直径，可以标注梢径，也可用梢径范围（如 $\phi100 \sim \phi140$）描述。

（3）满（散）铺砂卵石护岸（自然护岸）　满（散）铺砂卵石护岸（自然护岸）是将大量的卵石、砂石等按一定级配与层次堆积散铺于斜坡式岸边，使坡面土壤的密实度增大，抗坍塌的能力也随之增强。在水体岸坡上采用这种护岸方式，在固定坡土上能起一定的作用，还能使坡面得至很好的绿化和美化。

满（散）铺砂卵石护岸（自然护岸）的工程量可以以"m²"计量，按设计图示尺寸以护岸展开面积计算，也可以按卵石使用质量以"t"计算。

【例 3.19】　某生态公园水景用满铺砂卵石护岸，如图 3.29 所示。护岸长度为 12 m，宽度为 3 m，计算其清单工程量。

【解】

（1）清单工程量计算规则：

满（散）铺砂卵石护岸（自然护岸）的工程量可以按设计图示尺寸以护岸展开面积计算，也可以按卵石使用质量以"t"计算。

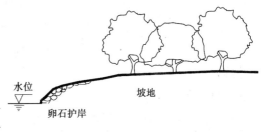

图 3.29　满（散）铺砂卵石护岸示意图

（2）清单工程量计算：

项目编码：050202003001　　项目名称：满铺砂卵石护岸

$$工程量 = 长 \times 宽$$
$$= 12 \text{ m} \times 3 \text{ m}$$
$$= 36.00 \text{ m}^2$$

（4）点（散）布大卵石　点（散）布大卵石的工程量可以按设计图示数量以"块（个）"计算，也可以按卵石使用质量以"t"计算（例题见例 3.20）。

（5）框格花木护岸　框格花木护岸的工程量按设计图示尺寸展开宽度乘以长度以面积"m²"计算。

框格花木护岸的铺草皮、撒草籽等应按本规范附录 A"绿化工程"相关项目编码列项。

【例 3.20】　某庭院景观绿化工程，如图 3.30 所示，施工季节为夏季，主要施工内容为庭院景观水池、小园路、木桥等。石汀步青石板共 93 块，点布大卵石 36 块，木桥宽 1.0 m，长 1.5 m。计算该园路、园桥工程清单工程量。

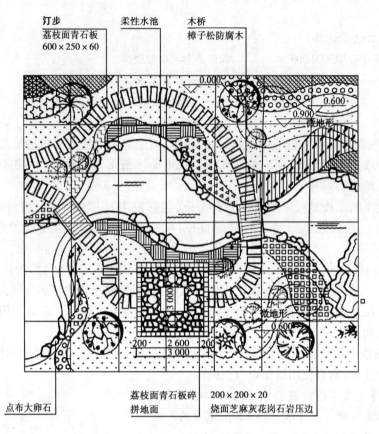

图 3.30　某庭院景观绿化平面图

例 3.20 动画

【解】

(1)清单工程量计算规则:

①石汀步(步石、飞石)的工程量按设计图示尺寸以体积"m³"计算。

②园路的工程量按设计图示尺寸以面积"m²"计算,不包括路牙。

③点(散)布大卵石的工程量可以按设计图示数量以"块(个)"计算,也可以按卵石使用质量以"t"计算。

④木制步桥的工程量按桥面板设计图示尺寸以面积"m²"计算。

(2)清单工程量计算(表3.4):

表 3.4　工程量计算表

工程名称:某庭院景观绿化

序号	清单项目编码	项目名称	计算式	计量单位	工程量
1	050201013001	石汀步	$0.6 \times 0.25 \times 0.06 \times 93 = 0.84$	m³	0.84
2	050201001001	园路(青石板碎拼地面)	$2.6 \times 2.6 = 6.76$	m²	6.76
3	050201001002	园路(花岗岩压边)	$(3 - 0.2) \times 4 \times 0.2 = 2.24$	m²	2.24
4	050202004001	点布大卵石		块	36
5	050201014001	木制步桥	$1 \times 1.5 \times 2 = 3$	m²	3.00

3.3.3　园林景观工程(编码:0503)

园林景观是指园林建设中的工艺点缀品,艺术性强。园林景观工程包括堆塑假山、原木、竹构件、亭廊屋面、花架、园林桌椅、喷泉安装、杂项等内容。

假山(堆筑土山丘除外)工程的挖土方、开凿石方、回填等应按现行国家标准《房屋建筑与装饰工程工程量计算规范》(GB 50854—2013)(参见本教材附录3)相关项目编码列项。如遇某些构配件使用钢筋混凝土或金属构件时,应按现行国家标准《房屋建筑与装饰工程工程量计算规范》(GB 50854—2013)(参见本教材附录3)或《市政工程工程量计算规范》(GB 50857—2013)相关项目编码列项。

1)堆塑假山(编码:050301)

堆塑假山包括堆塑土山丘、堆砌石假山、塑假山、石笋、点风景石、池、盆景置石、山(卵)石护角、山坡(卵)石台阶等项目。

(1)堆筑土山丘　土山丘是以泥土为基本堆山材料的一种人工假山。堆筑土山丘适用于夯填、堆筑而成,应当有明确的园林景观设计要求,通常通过等高线图等表达土山丘的体量形式。土山丘水平投影外接矩形与高度形成椎体的各面最小坡度$i \geqslant 30\%$。坡度是坡的高度和坡的水平距离之比(图3.31)。

堆筑土山丘与绿地起坡造型的区别:

①体量不同:堆筑土山丘一般是指在大型的土石方工程中为达到既经济又能突出景观效果的园地而建。绿地起坡造型一般是指在平地或原有地形起伏变化而营造的景观效果,体量较堆筑土山丘小。二者区别较大,且是完全不同的两种景观效果。

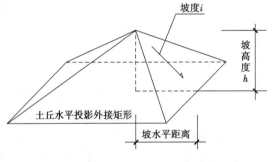

图3.31　堆筑土山丘示意图

②高度不同:堆筑土山丘的高度及高差较大,这样才能营造出土山的景观效果,而绿地起坡造型的高差较小(一般坡顶与坡底高差在1.2 m以内或平均坡度在15°以内),表现为绿地起伏变化、通风透气性等景观效果。

③作用不同:堆筑土山丘通常是用作景观造形;而绿地起坡造型通常是用作绿地栽植灌木、地被或草坪。

堆筑土山丘的工程量按设计图示山丘水平投影外接矩形面积乘以高度的1/3以体积"m³"计算。其计算公式为:

$$V_{堆筑土山丘} = \frac{1}{3} \times S_{矩} \times h$$

式中　$V_{堆筑土山丘}$——堆筑土山丘工程量,m³;

　　　$S_{矩}$——土山丘水平投影外接矩形面积;

　　　h——土山丘最低点至最高点的垂直距离,m。

在描述项目特征时,如山丘有多个山头,以最高的山头进行描述。

【例3.21】 某庭院为了分隔空间,在一定位置堆筑了一个高2.5 m的土山丘,具体造型如图3.32所示,计算堆筑土山丘清单工程量。

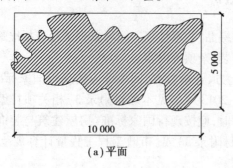

（a）平面　　　　　　　（b）立面

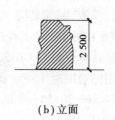

例3.21动画

图3.32　土山丘示意图

【解】

(1)清单工程量计算规则:

堆筑土山丘的工程量按设计图示山丘水平投影外接矩形面积乘以高度的1/3以体积"m³"计算。

(2)清单工程量计算:

项目编码:050301001001　　　　项目名称:堆筑土山丘

$$工程量:V_{堆筑土山丘} = \frac{1}{3} \times S_{矩} \times h$$

$$= \frac{1}{3} \times 10 \text{ m} \times 5 \text{ m} \times 2.5 \text{ m}$$

$$= 41.67 \text{ m}^3$$

式中　$S_{矩}$——土山丘水平投影外接矩形面积;

h——土山丘最低点至最高点的垂直距离,m。

(2)堆砌石假山　园林中以山石叠筑的假山,通常叫堆砌假山,又称"迭石"和"掇山",采用数量较多的山石堆叠而成的具有天然山体变化的假山造型。其形体可大可小,小者仅供静观,大者山中有路,可观可游。

堆砌石假山的工程量按设计图示尺寸以质量"t"计算。其计算公式为:

堆砌假山工程量(t) = 进料的验收数量 – 进料验收的剩余数量

如无石料进场验收数量。其计算公式为:

$$W_{重} = 2.6 \times A_{矩} \times H_{大} \times K_n$$

式中　$W_{重}$——堆砌假山工程量,t;

$A_{矩}$——假山不规则平面轮廓的水平投影面积的最大外接矩形面积,m²;

$H_{大}$——假山石着地点至最高点的垂直距离,m;

K_n——孔隙折减系数,当$H_{大} \leq 1$ m 时,$K_n = 0.77$;当$H_{大} \leq 3$ m 时,$K_n = 0.653$;$H_{大} \leq 4$ m时,$K_n = 0.60$;

2.6——石料比重(t/m³)(注:在计算驳岸的工程量时,可按石料比重进行换算)。

【例3.22】 某公园一角有一个太湖石堆砌的假山,如图3.33所示。山高6 m,假山平面轮廓的水平投影外接矩形长8 m,宽5 m。山石用水泥砂浆砌筑,计算堆砌石假山清单工程量。(太湖石2.2 t/m³)

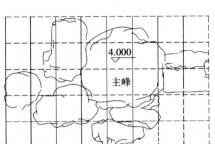

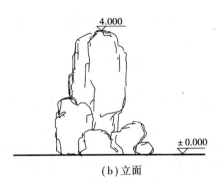

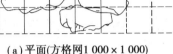

(a)平面(方格网1 000×1 000)　　　　(b)立面

图3.33　假山示意图

【解】

(1)清单工程量计算规则:

堆砌石假山的工程量按设计图示尺寸以质量"t"计算。

(2)清单工程量计算:

项目编码:050301002001　　　　项目名称:堆砌石假山

$$工程量:W_重 = 2.2 \times A_矩 \times H_大 \times K_n$$
$$= (2.2 \times 8 \times 5 \times 4 \times 0.60) t$$
$$= 211.2 \ t$$

式中　$W_重$——堆砌假山工程量,t;

　　　$A_矩$——假山不规则平面轮廓的水平投影面积的最大外接矩形面积,m^2;

　　　$H_大$——假山石着地点至最高点的垂直距离,m;

　　　K_n——孔隙折减系数,$H_大 \leq 4$ m 时,$K_n = 0.60$;

　　　2.2——石料比重,t/m^3。

(3)塑假山　现代园林中,为了降低假山石景的造价和增强假山石景的整体性,兴起一种新颖的造"石"作"山"的手法,称为塑假山。其特点是将普通石材或砖材,甚至某些建筑垃圾作为芯料,用钢筋、铁件、铅丝伸入绑扎形成骨架作"胚",然后用形状自然、具有纹理皱折的石块(或片石)或用水泥抹面,连镶带贴,或用掺有矿物颜料的水泥砂浆抹面,经过工艺加工塑造成各式雄浑圆润的"石品",这种做法,水平高者,似有真石真山之感。

塑假山的工程量按设计图示尺寸以展开面积"m^2"计算。

【例3.23】　某公园为了美化景观,在一定位置堆塑一座假山,如图3.34所示。假山展开面积:A 段20 m^2、B 段12 m^2、C 段5 m^2、D 段11 m^2、E 段7 m^2、F 段4 m^2、G 段16 m^2、H 段6 m^2、I 段19 m^2、J 段6 m^2、K 段13 m^2。石材选用砖骨架,砌筑胚形后用1:2的水泥砂浆仿照自然山石石面进行抹面,最后用小块的英德石作山皮料进行贴面,计算塑假山清单工程量。

【解】

(1)清单工程量计算规则:

塑假山的工程量按设计图示尺寸以展开面积"m^2"计算。

(2)清单工程量计算:

项目编码:050301003001　　　　项目名称:塑假山

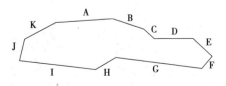

图3.34　塑假山平面示意图

$$工程量 = (20 + 12 + 5 + 11 + 7 + 4 + 16 + 6 + 19 + 6 + 13) m^2$$
$$= 119\ m^2$$

（4）石笋　石笋是园林中观赏石品之一，北方称"剑石"，是形体修长如笋似剑的山石的总称。

石笋的工程量可以按设计图示数量以"块（支、个）"计算，也可以按设计图示石料质量以"t"计算。

（5）点风景石　点风景石是园林叠石造景方式之一，用少量具有个性的山石零星散布、点缀成景，而不要求具备完整的山形，以欣赏山石个体姿（形）态或组合状貌为主，通常可观不可游。散铺河滩石按点风景石项目单独编码列项。

点风景石的工程量可以按设计图示数量以"块（支、个）"计算，也可以按设计图示石料质量以"t"计算。

石料质量计算公式为：

$$W_{重} = 2.6 \times L_{平均} \times W_{平均} \times H_{平均}$$

式中　$W_{重}$——石料工程量，t；

　　　$L_{平均}$——石料平均长度，m；

　　　$W_{平均}$——石料平均宽度，m；

　　　$H_{平均}$——石料平均高度，m；

　　　2.6——石料比重，t/m^3。

（6）池、盆景置石　置石是具有一定观赏价值的自然山石，进行独特造景或作为配景布景，更接近自然雕塑，不具备完整山形的山石景物。

池、盆景置石的工程量可以按设计图示数量以"块（支、个）"计算，也可以按设计图示石料质量以"t"计算。

（7）山（卵）石护角　山石护角指土山或堆石山的山角堆砌的山（卵）石，起挡土石和点缀的作用（图3.38）。

山（卵）石护角的工程量按设计图示尺寸以体积"m^3"计算（例题见例3.24）。

（8）山坡（卵）石台阶　山坡（卵）石台阶指随山坡而砌，多使用不规整的块（卵）石，无严格统一的每步台阶高度限制，踏步和踢脚无须石表面加工或有少量加工（打荒）（图3.35）。

山坡（卵）石台阶的工程量按设计图示尺寸以水平投影面积"m^2"计算。

假山（堆筑土山丘除外）工程的挖土方、开凿石方、回填等应按现行国家标准《房屋建筑与装饰工程工程量计算规范》（GB 50854—2013）（参见本教材附录3）相关项目编码列项。

如遇某些构配件使用钢筋混凝土或金属构件时，应按现行国家标准《房屋建筑与装饰工程工程量计算规范》（GB 50854—2013）（参见本教材附录3）或《市政工程工程量计算规范》（GB 50857—2013）相关项目编码列项。

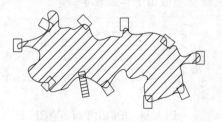

图3.35　假山示意图

【例3.24】　某景区内一石包土假山，如图3.35所示。拐角处设置山石护角10处，每块石的规格为1.0 m×0.5 m×0.7 m。假山中修有山石台阶，每个台阶的规格为0.6 m×0.5 m×0.3 m，台阶共8级，材质为C15混凝土，表面水泥砂浆抹面。计算山石护角、山坡石台阶清单工程量。

【解】

(1)清单工程量计算规则:

①山(卵)石护角的工程量按设计图示尺寸以体积“m^3”计算。

②山坡(卵)石台阶的工程量按设计图示尺寸以水平投影面积“m^2”计算。

(2)清单工程量计算:

①项目编码:050301007001　　项目名称:山石护角

$$
\begin{aligned}
\text{工程量} &= \text{长} \times \text{宽} \times \text{高} \\
&= 1.0\ \text{m} \times 0.5\ \text{m} \times 0.7\ \text{m} \times 10 \\
&= 3.50\ \text{m}^3
\end{aligned}
$$

②项目编码:050301008001　　项目名称:山坡石台阶

$$
\begin{aligned}
\text{工程量} &= \text{长} \times \text{宽} \times \text{台阶数} \\
&= 0.6\ \text{m} \times 0.5\ \text{m} \times 8 \\
&= 2.40\ \text{m}^2
\end{aligned}
$$

2)原木、竹构件(编码:050302)

原木构件是指不剥树皮的原木。由原木、竹制成的构件称之为原木、竹构件。原木、竹构件包括原木(带树皮)柱、梁、檩、椽、原木(带树皮)墙、树枝吊挂楣子、竹柱、梁、檩、椽、竹编墙、竹吊挂楣子等项目。

(1)原木(带树皮)柱、梁、檩、椽　原木柱、梁、檩、椽适用于带树皮构件,不适用于刨光的圆形木构件。

原木(带树皮)柱、梁、檩、椽按设计图示尺寸以长度“m”计算(包括榫长)。

(2)原木(带树皮)墙　原木墙就是在园林中起到装饰、引导或者屏蔽作用的木质景墙,也可用于在墙上铺钉树皮的项目。

原木(带树皮)墙按设计图示尺寸以面积“m^2”计算(不包括柱、梁)。

在描述项目特征时木构件连接方式应包括:开榫连接、铁件连接、扒钉连接、铁钉连接。原木(带树皮)墙项目的龙骨材料、层材料种类,是指铺钉树皮的墙体龙骨材料和铺钉树皮底层材料。如木龙骨铺钉木板墙,在木板墙上再铺钉树皮。刷防护材料种类指防水、防腐、防虫涂料等。

【例3.25】　某园林景区根据设计要求,原木墙要做成高低参差不齐的形状,如图3.36所示,采用直径为12 cm的原木,其中高1.5 m的原木8根,高1.8 m的原木18根,计算原木墙清单工程量。

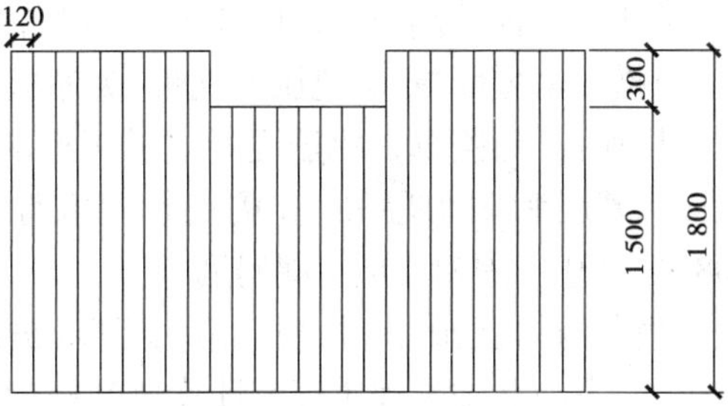

图3.36　原木墙立面示意图

【解】

(1)清单工程量计算规则:

原木(带树皮)墙按设计图示尺寸以面积“m^2”计算(不包括柱、梁)。

(2)清单工程量计算:

项目编码:050302002001　　项目名称:原木墙

$$工程量 = 长 \times 高$$
$$= (0.12 \times 8 \times 1.5 + 0.12 \times 18 \times 1.8) m^2$$
$$= 5.33 \ m^2$$

(3)树枝吊挂楣子　吊挂楣子是指位于檐廊柱间檐枋下,由棂条组成各种图案,既有装饰性又有实用功能的棂条式装修。用树枝编织加工制成的倒挂楣子叫树枝吊挂楣子。

树枝吊挂楣子按设计图示尺寸以框外围面积"m^2"计算。

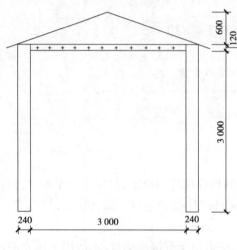

图 3.37　方亭立面示意图

【例 3.26】　某公园有一座原木制作的四边形方亭子,在檐枋下挂着树枝吊挂楣子,如图 3.37 所示,计算树枝吊挂楣子清单工程量。

【解】

(1)清单工程量计算规则:

树枝吊挂楣子按设计图示尺寸以框外围面积"m^2"计算。

(2)清单工程量计算:

项目编码:050302003001

项目名称:树枝吊挂楣子

工程量:$L = (3 \times 4 \times 0.12) m^2$
$$= 1.44 \ m^2$$

(4)竹柱、梁、檩、椽　竹柱、梁、檩、椽按设计图示尺寸以长度"m"计算。

在描述项目特征时,竹构件连接方式应包括:竹钉固定、竹篾绑扎、铁丝连接。

(5)竹编墙　竹编墙是指用竹材料编成,用来分隔空间和起防护作用的墙体。应选用质地坚硬、尺寸均匀的竹子。竹编墙也可用于在墙体上铺钉竹板的墙体项目。

竹编墙按设计图示尺寸以面积"m^2"计算(不包括柱、梁)。

(6)竹吊挂楣子　用竹材做成的有各种花纹图案的倒挂楣子叫竹吊挂楣子。

竹吊挂楣子按设计图示尺寸以框外围面积计算。

3)亭廊屋面(编码:050303)

亭廊屋面包括草屋面、竹屋面、树皮屋面、油毡瓦屋面、预制混凝土穹顶、彩色压型钢板(夹芯板)攒尖亭屋面板、彩色压型钢板(夹芯板)穹顶、玻璃屋面、木(防腐木)屋面等项目。

柱顶石(磉蹬石)、钢筋混凝土屋面板、钢筋混凝土亭屋面板、木柱、木屋架、钢柱、钢屋架、屋面木基层和防水层等,应按现行国家标准《房屋建筑与装饰工程工程量计算规范》(GB 50854—2013)中相关项目编码列项。

膜结构的亭、廊,应按现行国家标准《仿古建筑工程工程量计算规范》(GB 50855—2013)及《房屋建筑与装饰工程工程量计算规范》(GB 50854—2013)中相关项目编码列项。

(1)草屋面　草屋面是指用草铺设建筑顶面的构造层,草屋面具有防水功能而且自重荷载小,能够满足承重较差的主体结构。

草屋面按草屋面设计图示尺寸以斜面"m^2"计算。在描述项目特征时,铺草种类指麦草、谷草、山草、丝茅草等。防护材料指防水、防腐、防虫涂料等。

【例 3.27】　某山庄有一座亭子,如图 3.38 所示,亭子边长为 1.226 m,原木柱从基础到 ±0.000 高度为 0.7 m,木屋架和屋面总厚度为 200 mm,其屋面坡顶交汇成一个尖顶,计算其清单工程量。

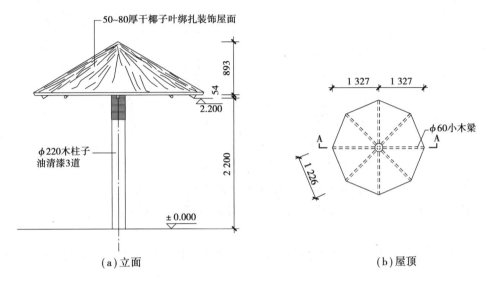

(a)立面　　　　　　　　　　　　　　　(b)屋顶

图 3.38　亭示意图

【解】

(1)清单工程量计算规则:

①原木(带树皮)柱、梁、檩、椽按设计图示尺寸以长度"m"计算(包括榫长)。

②草屋面按草屋面设计图示尺寸以斜面"m²"计算。

例 3.27 动画

(2)清单工程量计算:

①项目编码:050302001001　　　　　　项目名称:原木柱

$$工程量 = (2.2 + 0.054 + 0.893 + 0.7 - 0.2)\text{m} = 3.65 \text{ m}$$

②项目编码:050303001001　　　　　　项目名称:椰子叶屋面

$$工程量 = (1.226 \times \sqrt{1.327^2 + 0.893^2} \div 2 \times 8)\text{m} = 7.84 \text{ m}^2$$

(2)竹屋面　竹屋面指建筑顶面的构造层由竹材料铺设而成。

竹屋面按设计图示尺寸以实铺面积"m²"计算(不包括柱、梁)。竹屋面的竹材一般使用毛竹(楠竹)。

(3)树皮屋面　树皮屋面指建筑顶面的构造层由树皮铺设而成。

树皮屋面按设计图示尺寸以屋面结构外围面积"m²"计算。

【例 3.28】　某景区有一座长廊,如图 3.39 所示,供游人休息观景之用。屋面采用树皮铺设。计算树皮屋面的清单工程量。

【解】

(1)清单工程量计算规则:

树皮屋面按设计图示尺寸以屋面结构外围面积"m²"计算。

(2)清单工程量计算:

项目编码:050303003001　　　　　　项目名称:树皮屋面

$$工程量 = 长 \times 宽$$

$$= 12 \text{ m} \times (1.5 + 1 + 1.5) \text{m}$$

$$= 48.00 \text{ m}^2$$

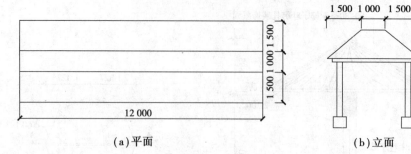

（a）平面　　　　　　　（b）立面

图3.39　长廊示意图

（4）油毡瓦屋面　油毡瓦屋面按设计图示尺寸以斜面"m^2"计算。

（5）预制混凝土穹顶　穹顶指屋顶形状似半球形的拱顶。预制混凝土穹顶是预先加工形成的混凝土穹顶。

预制混凝土穹顶按设计图示尺寸以体积"m^3"计算。混凝土脊和穹顶的肋、基梁并入屋面体积。

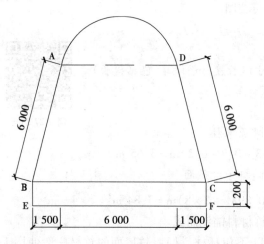

图3.40　亭顶示意图

【例3.29】　某游园中的圆形凉亭，采用预制混凝土穹顶，穹顶为半球形，板厚60 mm。亭顶 ABCD、BCEF 的水平截面均为圆环形，亭顶的构造及尺寸如图3.40所示，计算预制混凝土亭顶的清单工程量。

【解】

（1）清单工程量计算规则：

预制混凝土穹顶按设计图示尺寸以体积"m^3"计算。

（2）清单工程量计算：

项目编码：050303005001

项目名称：预制混凝土穹顶

例3.29 动画

工程量：$V_{亭顶} = V_{空心半球体} + V_{空心圆台ABCD} + V_{圆环BCEF}$

①$V_{空心半球体} = \left(\dfrac{4}{3} \times \pi \times R^3 \right) / 2 - \left(\dfrac{4}{3} \times \pi \times r^3 \right) / 2$

$$= \left\{ \left(\dfrac{4}{3} \times 3.14 \times 3^3 \right) / 2 - \left[\dfrac{4}{3} \times 3.14 \times (3 - 0.06)^3 \right] / 2 \right\} \text{m}^3$$

$$= 3.32 \text{ m}^3$$

②$V_{空心圆台ABCD} = V_{大圆台} - V_{小圆台}$

$$V_{圆台} = \dfrac{1}{3} \times \pi \times h (R^2 + r^2 + R \cdot r)$$

$$V_{大圆台} = \frac{1}{3} \times 3.14 \times \sqrt{6^2 - 1.5^2}(4.5^2 + 3^2 + 4.5 \times 3) \text{m}^3$$
$$= 259.94 \text{ m}^3$$

$$V_{小圆台} = \frac{1}{3} \times 3.14 \times \sqrt{6^2 - 1.5^2} \text{ m}\left[(4.5 - 0.06)^2 + (3 - 0.06)^2 + (4.5 - 0.06) \times (3 - 0.06)\right] \text{m}^2$$
$$= 251.80 \text{ m}^3$$

$$V_{空心圆台ABCD} = (259.94 - 251.80) \text{m}^3$$
$$= 8.14 \text{ m}^3$$

③$V_{圆环BCEF} = \pi(R^2 - r^2) \times h$
$$V_{圆环BCEF} = 3.14 \times \left[(3 + 1.5)^2 - (3 + 1.5 - 0.06)^2\right] \text{m}^2 \times 1.2 \text{ m}$$
$$= 2.02 \text{ m}^3$$

综上

$$V_{亭顶} = (3.32 + 8.14 + 3.38) \text{m}^3$$
$$= 13.48 \text{ m}^3$$

(6)彩色压型钢板(夹芯板)攒尖亭屋面板、穹顶　彩色压型钢板攒尖亭屋面板、穹顶由0.8～1.6 mm薄钢板经冲压加工而成的。

彩色压型钢板(夹芯板)攒尖亭屋面板、穹顶按设计图示尺寸以实铺面积"m²"计算。

(7)玻璃屋面　玻璃屋面按设计图示尺寸以实铺面积"m²"计算。用于建筑屋面的玻璃,要求采用安全玻璃,上人屋面则需使用钢化夹层玻璃。

(8)木(防腐木)屋面　木(防腐木)屋面按设计图示尺寸以实铺面积木(防腐木)屋面计算。

4)花架(编码:050304)

花架是园林景观工程中用于点缀的园景,由立柱和顶部为格子或条形的构筑物构成,可使藤蔓植物能攀缘而上并覆盖表面的小品设施,花架的主要功能是为游人提供休息、庇荫的场所。花架根据其材质及施工工艺不同一般可分为现浇混凝土花架柱、梁,预制混凝土花架柱、梁,金属花架柱、梁,木花架柱、梁以及竹花架柱、梁等。

花架基础、玻璃天棚、表面装饰及涂料项目应按现行国家标准《房屋建筑与装饰工程工程量计算规范》(GB 50854—2013)中相关项目编码列项。

(1)现浇混凝土花架柱、梁　按设计图示尺寸以体积"m³"计算。

(2)预制混凝土花架柱、梁　按设计图示尺寸以体积"m³"计算。

(3)金属花架柱、梁　按设计图示尺寸以质量"t"计算。

(4)木花架柱、梁　按设计图示截面乘长度(包括榫长)以体积"m³"计算。

(5)竹花架柱、梁　可以按设计图示花架构件尺寸以延长米"m"计算,也可以按设计图示花架柱、梁数量以"根"计算。

【例3.30】　某公园内设计有一木花架,木材为菠萝格木,如图3.41所示,计算该木花架柱梁清单工程量。

【解】

该花架清单项目包括菠萝格木柱、菠萝格木梁和菠萝格木格条。

(1)清单工程量计算规则:木花架柱梁按设计图示截面乘长度(包括榫长)以体积"m³"计算。

(2)清单工程量计算:

①项目编码:050304004001　　　　项目名称:菠萝格木柱(150 mm×150 mm)

$$V_{木柱} = 木柱断面面积 × 柱高 × 根数 = 0.15\ m × 0.15\ m × (2.2+0.35)\ m × 3$$
$$= 0.17\ m^3$$

②项目编码:050304004002　　　　项目名称:菠萝格木梁(150 mm×150 mm)

$$V_{木梁} = 木梁断面面积 × 梁长 = 0.15\ m × 0.15\ m × 4.55\ m = 0.10\ m^3$$

③项目编码:050304004003　　　　项目名称:菠萝格木格条(100 mm×190 mm)

$$V_{木格条} = 木格条断面面积 × 梁长 × 根数$$
$$= (0.1 × 0.05 × 1.5 + 0.1 × 0.14 × 1.4)\ m^3 × 12 = 0.33\ m^3$$

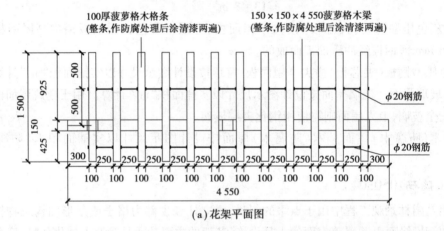

(a)花架平面图

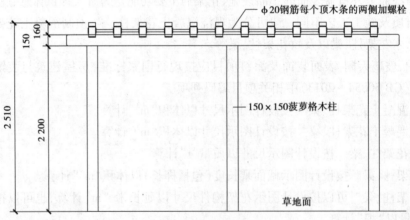

(b)花架立面图—1

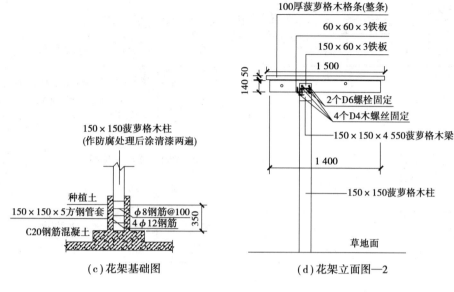

图3.41　花架示意图

5）园林桌椅（编码：050305）

园林桌椅是各类园林景观工程、城市广场必备的景观设施，既可以单独设置，也可以成组设置，还能与周边的花坛、景观小品等组合设置以达到美观的效果，其主要是为游人提供歇息、观赏周边景致的功能。园林桌椅根据其材质、外观形式及施工工艺不同一般可分为预制钢筋混凝土飞来椅、水磨石飞来椅、竹制飞来椅、现浇混凝土桌凳、预制混凝土桌凳、石桌石凳、水磨石桌凳、塑树根桌凳、塑树节椅以及塑料、铁艺、金属椅等。

木制飞来椅按现行国家标准《仿古建筑工程工程量计算规范》（GB 50855—2013）相关项目编码列项。

（1）现浇钢筋混凝土飞来椅、水磨石飞来椅、竹制飞来椅　按设计图示尺寸以座凳面中心线长度以"m"计算。

【例3.31】　某竹制飞来椅座凳面如图3.42所示，计算其清单工程量。

【解】

（1）清单工程量计算规则：按设计图示尺寸以座凳面中心线长度以"m"计算

（2）清单工程量计算：

项目编码：050305003001　项目名称：竹制飞来椅

$L_{竹制飞来椅} = 中心线边长 \times 4 = (2.2 + 0.4)m \times 4 = 10.40\ m$

（2）现浇混凝土桌凳、预制混凝土桌凳、石桌石凳、水磨石桌凳、塑树根桌凳、塑树节椅、塑料、铁艺、金属椅　按设计图示数量以"个"计算。

【例3.32】　某公园有石凳20个，结构如图3.43所示，已知基础为C20素混凝土。计算石凳的清单工程量。

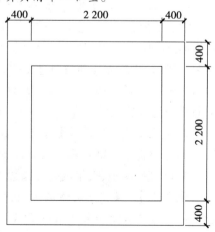

图3.42　竹制飞来椅座凳面示意图

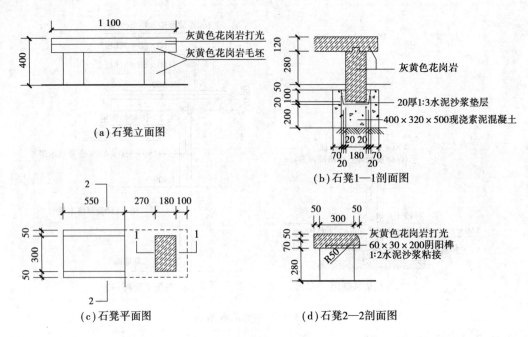

图 3.43　石凳示意图

【解】

(1)清单工程量计算规则:石凳按设计图示数量以"个"计算。

(2)清单工程量计算:

项目编码:050305006001　　　　　项目名称:石凳

石凳工程量:20(个)

6)喷泉安装(编码:050306)

喷泉是园林景观工程中水景的一类,用人工手段使静水变为动水,辅之以各种灯光效果,使水体具有丰富多彩的形态,可以缓冲、软化城市中"凝固的建筑物"和硬质的地面,以增加城市环境的生机,有益于身心健康并能满足视觉艺术的需要。喷泉安装工程是园林水景工程的一部分,包括喷泉管道、喷泉电缆、水下艺术装饰灯具、电气控制柜、喷泉设备。

喷泉水池应按现行国家标准《房屋建筑与装饰工程工程量计算规范》(GB 50854—2013)中相关项目编码列项;管架项目应按现行国家标准《房屋建筑与装饰工程工程量计算规范》(GB 50854—2013)中钢支架项目单独编码列项。

(1)喷泉管道　按设计图示管道中心线长度以延长米"m"计算,不扣除检查(阀门)井、阀门、管件及附件所占的长度。

(2)喷泉电缆　按设计图示单根电缆线长度以延长米"m"计算。

(3)水下艺术装饰灯具　按设计图示数量以"套"计算。

(4)电气控制柜、喷泉设备　按设计图示数量以"台"计算。

【例3.33】　某广场有喷泉一处,如图3.44所示,已知该水景动力循环水管采用PE管,对缝焊接,重力排水管和补水管采用UPVC管,黏合连接,其中,DN32补水管长5.6 m,喷头为DN25涌泉喷头,该喷泉有绿色DS-80喷泉灯7套,QSPF65-10-3水泵1台,计算喷泉安装的清单工程量。

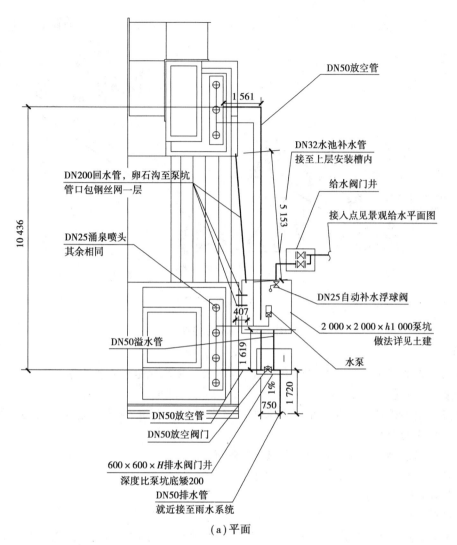

（a）平面

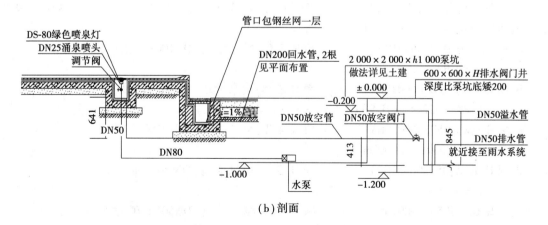

（b）剖面

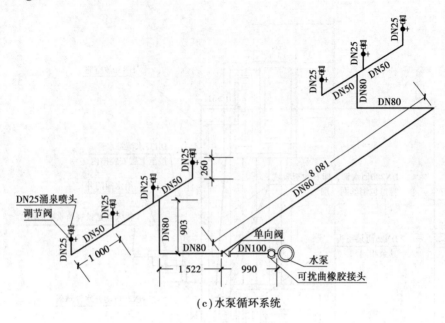

(c)水泵循环系统

图3.44 水景示意图

【解】

该喷泉安装工程清单项目包括喷泉管道、水下艺术装饰灯具和喷泉设备。

(1)清单工程量计算规则：

①喷泉管道按设计图示管道中心线长度以延长米"m"计算,不扣除检查(阀门)井、阀门、管件及附件所占的长度。

②水下艺术装饰灯具按设计图示数量以"套"计算。

③喷泉设备按设计图示数量以"台"计算。

(2)清单工程量计算：

①喷泉管道

根据题意,该水景动力循环水管用PE管,重力排水管采用UPVC管。图3.44(c)水泵循环系统图中所示均为水景动力循环水管,采用PE管;图3.44(a)、(b)中,放空管、溢水管和回水管均属于重力排水管,采用UPVC管。

a.项目编码:050306001001   项目名称:喷泉管道(DN100PE管)

$L = 0.99$ m

b.项目编码:050306001002   项目名称:喷泉管道(DN80PE管)

$L = (1.522 \times 2 + 0.903 \times 2 + 8.081)\,\text{m} = 12.93$ m

c.项目编码:050306001003   项目名称:喷泉管道(DN50PE管)

$L = 1\,\text{m} \times 5 = 5.00$ m

d.项目编码:050306001004   项目名称:喷泉管道(DN25PE管)

$L = 0.26\,\text{m} \times 7 = 1.82$ m

e.项目编码:050306001005   项目名称:喷泉管道(DN50UPVC管)

$L = (1.561 \times 2 + 10.436 + 1.619 + 0.75 + 1.72 + 0.641 \times 2 + 0.845 + 0.413)\,\text{m}$
$= 20.19$ m

f.项目编码:050306001006   项目名称:喷泉管道(DN200UPVC管)

$L = 5.153 \text{ m} + 0.407 \text{ m} \times 2 = 5.97 \text{ m}$

g. 项目编码:050306001007   项目名称:喷泉管道(DN32UPVC 管)

$L = 5.60 \text{ m}$

②水下艺术装饰灯具

项目编码:050306003001   项目名称:水下艺术装饰灯具

工程量 = 7(套)

③喷泉设备

项目编码:050306005001   项目名称:喷泉设备

工程量 = 1(台)

7)杂项(编码:050307)

杂项是园林景观工程中各类零星设施设备的总称,是除上文所述园林景观项目外,其余组成园林工程项目的一些杂项工程,包括石灯、石球、塑仿石音箱、塑树皮梁、塑树皮柱、塑竹梁、塑竹柱、铁艺栏杆、塑料栏杆、钢筋混凝土艺术围栏、标志牌、景墙、景窗、花饰、博古架、花盆(花坛、花箱)、摆花、花池、垃圾箱、砖石砌小摆设、其他景观小摆设及柔性水池。

砌筑果皮箱,放置盆景的须弥座等,应按砖石砌小摆设项目编码列项。

(1)石灯、石球、塑仿石音箱、标志牌、花盆(花坛、花箱)、垃圾箱、其他景观小摆设 按设计图示数量以"个"计算。

(2)塑树皮梁、塑树皮柱、塑竹梁、塑竹柱、钢筋混凝土艺术围栏 按设计图示尺寸以面积"m²"计算,或是按设计图示尺寸以延长米"m"计算。

(3)景窗、花饰 按设计图示尺寸以面积"㎡"计算。

(4)铁艺栏杆、塑料栏杆 按设计图示尺寸以长度"m"计算。

(5)景墙 按设计图示尺寸以体积"m³"计算,或按设计图示尺寸以数量"段"计算。

【例 3.34】 某公园有景墙 5 段,其剖面如图 3.45 所示,以"段"为计量单位,计算景墙清单工程量。

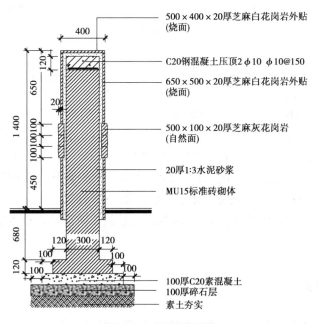

图 3.45 景墙剖面图

【解】

（1）清单工程量计算规则：景墙按设计图示尺寸以数量"段"计算。

（2）清单工程量计算：

项目编码：050307010001　　　　　项目名称：景墙

工程量 = 5 段

景墙还可按设计图示尺寸以体积"m³"计算，见 3.4 实例。

（6）博古架　按设计图示尺寸以面积"m²"计算，或按设计图示尺寸以延长米"m"计算，或按设计图示数量以"个"计算。

（7）摆花　按设计图示尺寸以水平投影面积"m²"计算，或按设计图示数量以"个"计算。

（8）花池　按设计图示尺寸以体积"m³"计算，或按设计图示尺寸以池壁中心线处延长米"m"计算，或按设计图示数量以"个"计算。

【例3.35】　某花池平面及剖面如图 3.46 所示，已知池壁采用标准页岩砖砌筑，以"m"为计量单位，计算该花池清单工程量。

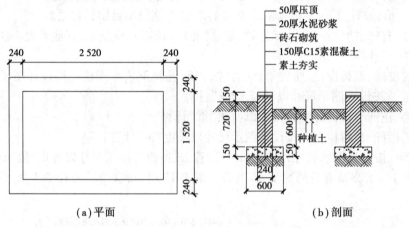

图 3.46　花池示意图

【解】

（1）清单工程量计算规则：按设计图示尺寸以池壁中心线处以延长米计算。

（2）清单工程量计算：

项目编码：050307016001　　　　　项目名称：花池

$$L_{中心线} = （长 + 宽）×2 = （2.52 + 0.24 + 1.52 + 0.24）m ×2 = 9.04\ m$$

花池还可按设计图示尺寸以体积"m³"计算，见例 3.4。

（9）砖石砌小摆设　设按设计图示尺寸以体积"m³"计算，或按设计图示数量以"个"计算。

（10）柔性水池　按设计图示尺寸以水平投影面积"m²"计算。

以上计算方式有两种或两种以上的，在编制工程量清单时应该根据各地区相关规定选择一种方式计算工程量。

3.3.4　其他工程

山、水、物（植物、动物）和建筑是园林的几大要素。在园林项目的计量与计价工作中，除了

3.3.1—3.3.3 的园林绿化工程外,还涉及到房屋建筑与装饰工程,如土石方工程、砌筑工程、混凝土及钢筋混凝土工程、木结构工程、装饰工程。

1)土石方工程

土石方工程是园林工程一个很重要的组成部分,主要包括土方工程、石方工程及回填。其中土方工程包括平整场地、挖一般土方、挖沟槽土方、挖基坑土方、冻土开挖、挖淤泥流砂、管沟土方;石方工程包括挖一般石方、挖沟槽石方、挖基坑石方和挖管沟石方;回填包括回填土和余方弃置。

根据园林项目内容,本小节仅介绍平整场地、挖一般土方、挖沟槽土方、挖基坑土方、回填方、余方弃置。以上各分部分项工程相关的工作内容和项目特征参看本书附录3。

（1）工程量计算有关规定

①土方体积折算:土石方工程中,土方体积应按挖掘前的天然密实体积计算,非天然密实土应按表3.5折算。

表3.5　土方体积折算系数表

天然密实度体积	虚方体积	夯实后体积	松填体积
0.77	1.00	0.67	0.83
1.00	1.30	0.87	1.08
1.15	1.50	1.00	1.25
0.92	1.20	0.80	1.00

注:①虚方体积是指未经碾压,堆积时间≤1年的土壤;

②设计密实度超过规定的,填方体积按工程设计要求执行;无设计要求按各省、自治区、直辖市或行业建设行政主管部门规定的系数执行。

【例3.36】　已知挖天然密实体积15 m^3 的土方,计算其虚方体积。

【解】

$$V_{虚方} = 15 \ m^3 \times 1.30 = 19.50 \ m^3$$

②土壤类别:土石方工程在进行项目特征描述、确定放坡系数和计算工程量时,都需要考虑土壤类别。土壤分类如表3.6所示。

表3.6　土壤分类表

土壤分类	土壤名称	开挖方法
一、二类土	粉土、砂土(粉砂、细纱、中砂、砾砂)、粉质黏土、弱中盐渍土、软土(淤泥土质、泥炭、泥炭质土)、软塑红黏土、冲填土	用锹、少数用镐、条锄开挖。机械能全部直接铲挖满载者
三类土	黏土、碎石土(圆砾、角砾)、混合土、可塑红黏土、硬塑红黏土、强盐渍土、素填土、压实填土	主要用镐、条锄、少许用锹开挖。机械需部分剖松方能铲满载者或可以直接铲挖但不能满载者
四类土	碎石(卵石、碎石、漂石、块石)土、坚硬红黏土、超盐渍土、杂填土	全部用镐、条锄挖掘、少许用撬棍挖掘。机械需普遍刨松方能铲满载者

如土壤类别不能准确划分,招标人在项目特征中可注明为"综合",由投标人根据地勘报告决定报价。

③放坡系数:放坡系数 K 是指放坡宽度与挖土深度的比值,放坡宽度(b)与挖土深度(H)之间是正切函数关系,即放坡系数 $K = \tan \alpha = \dfrac{b}{H}$(图3.47)。

挖沟槽、基坑、一般土方因工作面和放坡增加的工程量是否并入各土方工程量中,按各省、自治区、直辖市或行业建设主管部门的规定实施,如并入各土方工程量内,办理工程结算时,按经发包人认可的施工组织设计规定计算,编制工程量清单时,可按表3.7规定计算。

表3.7　放坡系数表

土类别	放坡起点/m	人工挖土	机械挖土		
			在坑内作业	在坑上作业	顺沟槽在坑上作业
一、二类土	1.20	1:0.50	1:0.33	1:0.75	1:0.50
三类土	1.50	1:0.33	1:0.25	1:0.67	1:0.33
四类土	2.00	1:0.25	1:0.10	1:0.33	1:0.25

表中,放坡起点是指挖方时各类土壤超过表中规定的起点深度,才按表中放坡系数计算工程量。如果是原槽、坑浇筑垫层(即不需支模板,坑槽开挖的尺寸就是混凝土垫层浇筑的尺寸,参看图3.59),放坡自垫层上表面开始。计算放坡时,交接处的重复土方工程量不予扣除(图3.48)。

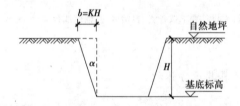
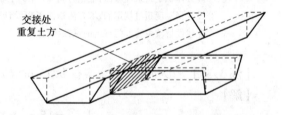

图3.47　放坡系数图示　　　　　　图3.48　交接处重复土方工程量示意图

④工作面:基础施工时,因某些项目的需要或为保证施工人员施工方便,挖土时要在垫层或基础两侧增加部分面积,这部分面积即为工作面。根据基础材料的不同,基础施工所需工作面宽度如表3.8、表3.9所示。

表3.8　基础施工所需工作面宽度计算表

基础材料	每边各增加工作面宽度/mm
砖基础	200
浆砌毛石、条石基础	150
混凝土基础垫层支模板	300
混凝土基础支模板	300
基础垂直面做防水层	1 000(防水层面)

表 3.9　管沟施工每侧所需工作面宽度计算表

管沟材料	管道结构宽/mm			
	≤500	≤1 000	≤2 500	>2 500
混凝土及钢筋混凝土管道/mm	400	500	600	700
其他材质管道/mm	300	400	500	600

注:管道结构宽,有管座的按基础外缘,无管座的按管道外径。

(2)平整场地(图 3.49)

①适用范围:建筑场地厚度 ≤ ±300 mm 的挖、填、运、找平,主要用于园林建筑工程场地平整。园林绿化用地≤300 mm 回填土则应按现行《园林绿化工程工程量计算规范》(GB 50858—2013)(参见本教材附录2)"整理绿化用地"项目编码列项。

②计算规则:按设计图示尺寸以建筑物首层建筑面积计算。

【例 3.37】　某园林建筑基础平面图如图 3.61所示,计算其平整场地清单工程量。

【解】

(1)清单工程量计算规则:按设计图示尺寸以建筑物首层建筑面积计算。

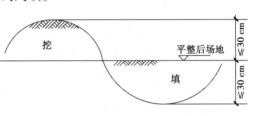

图 3.49　平整场地示意图

(2)清单工程量计算:

项目编码:010101001001　　　　项目名称:平整场地

$$S_{平整场地} = S_{首层建筑面积} = (7.5 + 0.24)\text{m} \times (8.5 + 0.24)\text{m} - 2.1\text{ m} \times 3.6\text{ m} = 60.09\text{ m}^2$$

(3)挖一般土方、挖沟槽土方及挖基坑土方的划分　底宽≤7 m,底长 >3 倍底宽为沟槽挖土方(图 3.50);底长≤3 倍底宽,底面积≤150 m² 为基坑(图 3.51);超出上述范围则为一般土方。其中,挖沟槽主要为带形基础及管沟土方,挖基坑土方主要为独立基础土方。

(4)挖一般土方

①适用范围:厚度 > ±300 mm 的竖向布置挖土或山坡切土;

②计算规则:按设计图示尺寸以体积"m³"计算;

③计算方法:挖一般土方常用的计算方法有体积法、横截面法、方格网法等。

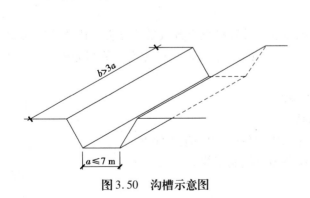

图 3.50　沟槽示意图

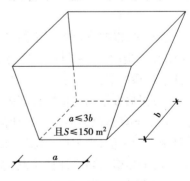

图 3.51　基坑示意图

a.体积法（图 3.62）：$V = (a + 2c + KH) \times (b + 2c + KH) \times H + \dfrac{1}{3}K^2H^3$；

b.横截面法：按照计算的各截面面积，根据相邻两截面间距离，计算土方工程量。其计算公式为：

$$V = (F_1 + F_2) \div 2 \times L$$

式中　V——相邻两截面间土方量；F_1，F_2——相邻两截面的填、挖方截面；L——相邻两截面的距离。

常见的不同截面及其计算公式如表 3.10 所示。

表 3.10　常见不同截面及计算公式

截面图	计算公式
	$F = h(b + nh)$
	$F = h\left[b + \dfrac{h(m + n)}{2} \right]$
	$F = b\,\dfrac{h_1 + h_2}{2} + nh_1h_2$
	$F = h_1\,\dfrac{a_1 + a_2}{2} + h_2\,\dfrac{a_2 + a_3}{2} + h_3\,\dfrac{a_3 + a_4}{2} + h_4\,\dfrac{a_4 + a_5}{2}$
	$F = \dfrac{a}{2}(h_0 + 2h + h_n)$ $h = h_1 + h_2 + h_3 + h_4 + \cdots + h_n$

c.方格网法：根据测量的方格网，按四棱柱法计算挖填土方数量的方法。其中，挖土地段以"＋"标识，填土地段以"－"标识，零点为不挖不填点，零线是零点相连接的划分挖土和填土的界线。计算步骤如下：

第一步：根据方格网测量图计算施工高度。

施工高度 = 自然地面标高 - 设计标高

计算结果为正值，则为挖土深度，计算结果为负值，则为填土深度。

第二步：根据施工高度计算零点，连接各零点绘制零线。

零点计算方法如下：

首先，找出有正有负的相邻两角点的边，根据相似比计算 x_1，x_2（图 3.52）。其计算公式为：

$$x_1 = \frac{h_1}{h_1 + h_2} \times a$$

$$x_2 = a - x_1$$

式中　x_1,x_2——施工标高至零界点的距离;h_1,h_2——挖土和填土的施工标高;a——方格网的每边长度。

第三步,计算挖一般土方工程量。

零线将方格划分成以下三种情况。其计算公式分别如下:

第一种情况,方格四点均为挖土或填土(四棱柱)(图3.53)。其计算公式为:

$$\pm V_{\text{四棱柱}} = \frac{h_1 + h_2 + h_3 + h_4}{4} \times a^2$$

式中　$\pm V$——填土或挖土的工程量;h_1,h_2,h_3,h_4——施工标高;a——方格网每边长度。

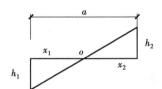
图3.52　边长计算

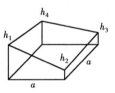
图3.53　四点均挖土或填土

第二种情况,二点为挖土,二点为填土(四棱柱)(图3.54)。其计算公式为:

$$+V_{\text{四棱柱}} = \frac{h_3 + h_4}{4} \times \frac{x_n + x_m}{2} \times a (x_n,x_m \text{ 分别代表梯形的上底和下底边长})$$

$$-V_{\text{四棱柱}} = \frac{h_1 + h_2}{4} \times \frac{x_n + x_m}{2} \times a (x_n,x_m \text{ 分别代表梯形的上底和下底边长})$$

第三种情况,三点挖土和一点填土,或三点填土和一点挖土(五棱柱和三棱柱)(图3.55)。其计算公式为:

$$V_{\text{五棱柱}} = \frac{h_2 + h_3 + h_4}{5} \times \left(a^2 - \frac{x_n \times x_m}{2} \right) \quad \left(\frac{x_m \times x_n}{2} \text{ 为三角形的面积} \right)$$

$$V_{\text{三棱柱}} = \frac{h_1}{3} \times \frac{x_m \times x_n}{2} \quad (x_n,x_m \text{ 分别代表三角形的两个直角边长})$$

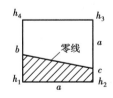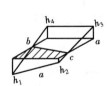
图3.54　二点为挖土,二点为填土

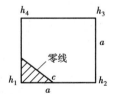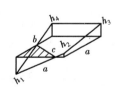
图3.55　三点挖土和一点填土,或三点填土和一点挖土

以上挖一般土方的计算公式,是假设自然地坪与设计地面是平面的条件下计算的,但自然地面很少有符合实际情况的,所以计算结果会有误差,应检查计算的精确度K。其计算公式为:

$$K = \frac{h_2 + h_4}{h_1 + h_3}$$

当$K = 0.75 \sim 1.35$时,计算精度为5%,$K = 0.80 \sim 1.20$,计算精度为3%,挖一般土方工程

量的计算精度一般为5%。

【例3.38】 某工程的地貌方格网测量图如图3.56所示,计算该工程挖一般土方清单工程量。

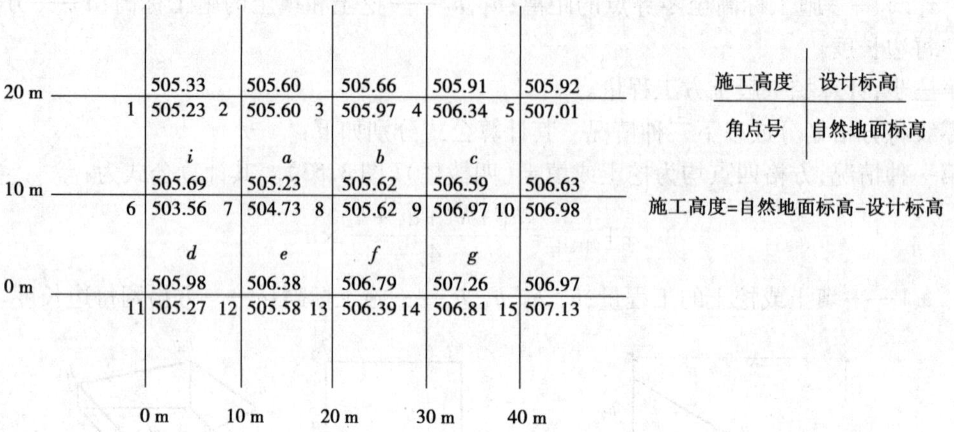

		505.33	505.60	505.66	505.91	505.92	施工高度	设计标高
20 m	1	505.23	2 505.60	3 505.97	4 506.34	5 507.01	角点号	自然地面标高
		i	a	b	c			
		505.69	505.23	505.62	506.59	506.63	施工高度=自然地面标高−设计标高
10 m	6	503.56	7 504.73	8 505.62	9 506.97	10 506.98		
		d	e	f	g			
		505.98	506.38	506.79	507.26	506.97		
0 m	11	505.27	12 505.58	13 506.39	14 506.81	15 507.13		

0 m　　10 m　　20 m　　30 m　　40 m

图3.56　某工程土方方格网络图

【解】

(1)清单工程量计算规则:按设计图示尺寸以体积计算。

(2)清单工程量计算:

项目编码:010101002001　　　　　　项目名称:挖一般土方

第一步,方格网测量图计算施工高度(图3.57)

第二步,根据施工高度计算零点,连接各零点绘制零线(图3.57)

9,14角点零点:$x_1 = \dfrac{h_1}{h_1 + h_2} \times a = \dfrac{0.38}{0.38 + 0.45} \times 10 = 4.58$

$$x_2 = a - x_1 = 10 - 4.58 = 5.42$$

14,15角点零点:$x_1 = \dfrac{h_1}{h_1 + h_2} \times a = \dfrac{0.16}{0.16 + 0.45} \times 10 = 2.62$

$$x_2 = a - x_1 = 10 - 2.62 = 7.38$$

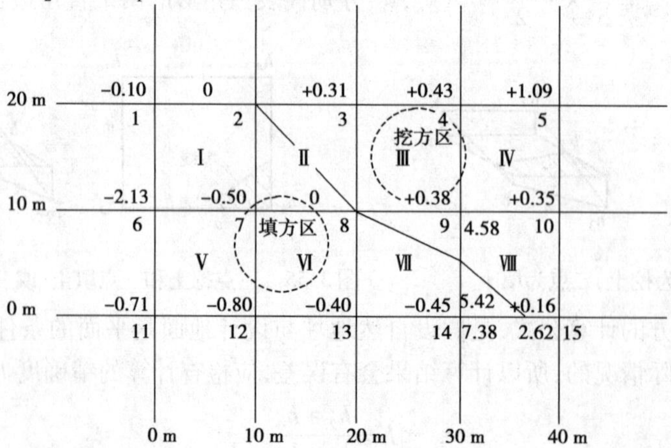

	−0.10	0	+0.31	+0.43	+1.09
20 m	1	2	3	挖方区 4	5
	I	II	III	IV	
	−2.13	−0.50	0	+0.38	+0.35
10 m	6	填方区 7	8	9 4.58	10
	V	VI	VII	VIII	
	−0.71	−0.80	−0.40	−0.45 5.42	+0.16
0 m	11	12	13	14 7.38	2.62 15

0 m　　10 m　　20 m　　30 m　　40 m

图3.57　某工程方格网计算图

第三步,计算挖一般土方工程量(表3.11)

表3.11　挖一般土方工程量计算表

方格编号	挖方(+)	填方(−)
Ⅰ		$\dfrac{0.1+2.13+0.50+0}{4}\times10^2=68.25$
Ⅱ	$\dfrac{0.31}{3}\times\dfrac{10^2}{2}=5.17$	$\dfrac{0.5}{3}\times\dfrac{10^2}{2}=8.33$
Ⅲ	$\dfrac{0.31+0+0.38+0.43}{4}\times10^2=28.00$	
Ⅳ	$\dfrac{0.43+0.38+0.35+1.09}{4}\times10^2=56.25$	
Ⅴ		$\dfrac{2.13+0.71+0.80+0.5}{4}\times10^2=103.50$
Ⅵ		$\dfrac{0.50+0.80+0.40+0}{4}\times10^2=42.50$
Ⅶ	$\dfrac{0.38}{3}\times\dfrac{4.58\times10}{2}=2.90$	$\dfrac{0.4+0.45}{4}\times\dfrac{5.42+10}{2}\times10=16.38$
Ⅷ	$\dfrac{0.16+0.35+0.38}{5}\times\left(10^2-\dfrac{7.38\times5.42}{2}\right)=14.24$	$\dfrac{0.45}{3}\times\dfrac{7.38\times5.42}{2}=3.00$
合计	$5.17+28.00+56.25+2.90+14.24$ $=106.56$	$68.25+8.33+103.50+42.50+16.38+3.00$ $=238.96$

得出 $V_{挖一般土方}=V_{挖}+V_{填}=(106.56+2338.96)\,\mathrm{m}^3=345.52\ \mathrm{m}^3$,其中挖方 $106.56\ \mathrm{m}^3$,填方 $238.96\ \mathrm{m}^3$。

(5)挖沟槽土方

①计算规则:按设计图示尺寸以垫层底面积乘以挖土深度计算。

②计算方法:挖沟槽土方工程量计算是否考虑放坡和工作面,按各省、自治区、直辖市或行业建设主管部门的规定实施,编制工程量清单时,可按表3.7、表3.8规定计算,如挖土深度没有超过表3.7放坡起点规定,则按不考虑放坡计算,反之则按考虑放坡计算。

a.不考虑放坡及工作面(图3.58)。其计算公式为:

$$V_{挖沟槽土方}=S_{垫层}\times H=a\times H\times L$$

式中　$V_{挖沟槽土方}$——挖沟槽土方工程量;$S_{垫层}$——垫层底面积;a——垫层底宽;H——挖土深度;
　　　　L——沟槽长度。

此处,挖土深度是指按基础垫层底表面标高至交付施工场地标高确定,无交付施工标高时,应按自然地面标高确定。

如果是原槽浇筑,则其挖土深度从垫层上表面计算(H_1,图3.59),其沟槽土方工程量为上式体积与垫层所占体积之和。

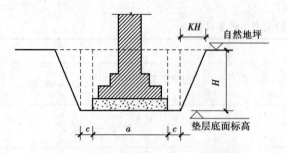

图 3.58　沟槽工程量计算示意图

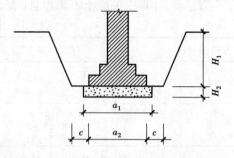

图 3.59　原槽浇筑沟槽工程量计算示意图

b.考虑工作面及放坡(图 3.58)。其计算公式为:

$$V_{挖沟槽土方} = (a + 2c + KH)HL$$

式中　a——基础垫层宽度;c——工作面宽度;H——挖土深度;K——放坡系数;L——沟槽长度。

沟槽长度的计算方式为,外墙按图示中心线长度计算;内墙按图示沟槽底面之间净长线长度计算;内外凸出部分(垛、附墙烟囱等)体积并入沟槽工程量内计算。

【例 3.39】　某公园有现浇混凝土长凳一个,如图 3.60 所示,已知土壤类别为二类,均为天然密实土,座凳基础施工不需坑内工作面,该长凳座凳中心线长 7.8 m,计算该长凳挖沟槽土方清单工程量。

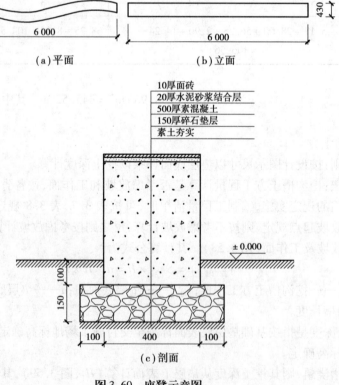

图 3.60　座凳示意图

【解】

(1)清单工程量计算规则:按设计图示尺寸以垫层底面积乘以挖土深度计算。

（2）清单工程量计算：该座凳挖土深度小于表 3.7 放坡起点，不计算放坡。该座凳沟槽开挖不计算工作面。

项目编码：010101003001　　　　项目名称：挖沟槽土方

$$V_{挖沟槽土方} = S_{垫层} \times H = a \times H \times L$$

根据已知条件，垫层底宽 $a = 0.4 \text{ m} + 0.1 \text{ m} \times 2 = 0.6 \text{ m}$，挖土深度 $H = (0.15 + 0.1) \text{ m} = 0.25 \text{ m}$，沟槽长度 $L = 7.8 \text{ m}$

$$V_{挖沟槽土方} = a \times H \times L = 0.6 \text{ m} \times 0.25 \text{ m} \times 7.8 \text{ m} = 1.17 \text{ m}^3$$

【例 3.40】　某工程基础平面、剖面如图 3.61 所示，已知该工程土壤为黏土，均为天然密实土，放坡系数为 1∶0.33，工作面为 300 mm，计算该工程挖沟槽土方清单工程量。

【解】　（1）清单工程量计算规则：按设计图示尺寸以体积计算。

（2）清单工程量计算：

项目编码：010101003001　　　　项目名称：挖沟槽土方

例 3.40 动画

$$V_{挖沟槽土方} = (a + 2c + KH)HL$$

①根据已知条件，垫层底宽 $a = 0.8 \text{ m}$，工作面宽度 $c = 0.3 \text{ m}$，放坡系数 $K = 0.33$

②沟槽挖土深度（H）计算：$H = -0.3 \text{ m} - (-1.9 \text{ m}) = 1.9 \text{ m} - 0.3 \text{ m} = 1.6 \text{ m}$

③沟槽长度（L）计算：

$$L_{外墙} = (7.5 + 8.5) \text{ m} \times 2 = 32.00 \text{ m}$$

$$\begin{aligned} L_{内墙} &= (7.5 \text{ m} - 0.8 \text{ m} - 0.3 \text{ m} \times 2) + (4 \text{ m} - 0.8 \text{ m} - 0.3 \text{ m} \times 2) \\ &= 6.1 \text{ m} + 2.6 \text{ m} \\ &= 8.70 \text{ m} \end{aligned}$$

$$L = L_{外墙} + L_{内墙} = 32.00 \text{ m} + 8.70 \text{ m} = 40.70 \text{ m}$$

④挖沟槽土方体积（$V_{沟槽土方}$）计算：

$$\begin{aligned} V_{沟槽土方} &= (a + 2c + KH)HL = (0.8 + 2 \times 0.3 + 0.33 \times 1.6) \text{ m} \times 1.6 \text{ m} \times 40.70 \text{ m} \\ &= 125.55 \text{ m}^3 \end{aligned}$$

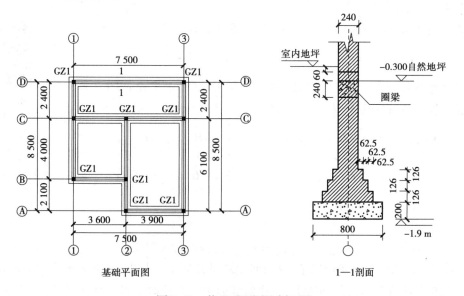

图 3.61　基础平面图及剖面图

（6）挖基坑土方（图 3.62）

①计算规则：按设计图示尺寸以垫层底面积乘以挖土深度计算。

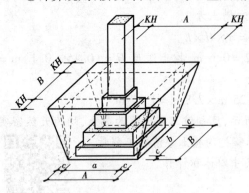

图 3.62　基坑工程量计算示意图

②计算方法：挖基坑土方工程量计算是否考虑放坡和工作面，按各省、自治区、直辖市或行业建设主管部门的规定实施，编制工程量清单时，可按表 3.7、表 3.8 规定计算，如挖土深度没有超过表 3.7 放坡起点规定，则按不考虑放坡计算，反之则按考虑放坡计算。

a. 不考虑放坡及工作面。其计算公式为：

$$V_{挖基坑土方} = abH$$

式中　$V_{挖基坑土方}$——挖基坑土方工程量；a——基础垫层宽度；b——基础垫层长度；H——挖土深度。

b. 考虑放坡及工作面。其计算公式为：

$$V_{挖基坑土方} = (a + 2c + KH)(b + 2c + KH)H + \frac{1}{3}K^2H^3$$

式中　$V_{挖基坑土方}$——挖基坑土方工程量；a——基础垫层宽度；b——基础垫层长度；c——工作面宽度；H——挖土深度；K——放坡系数。

【例 3.41】　某四方亭下独立基础剖面图如图 3.65（等高式）所示，已知该工程基础为混凝土垫层，非原槽浇筑，需要支模，三类土，人工挖土，$B = 0.8\ m$，$H = 1.4\ m$，垫层厚度为 0.2 m，该工程考虑放坡及工作面。计算该工程挖基坑土方清单工程量。

【解】

（1）清单工程量计算规则：按设计图示尺寸以垫层底面积乘以挖土深度计算。

（2）清单工程量计算：四方亭柱下独立基础有 4 个，挖基坑 4 个，该四方亭挖基坑土方工程量为一个基坑土方工程量乘以 4。

项目编码：010101004001　　　项目名称：挖基坑土方

例 3.41 动画

$$V_{挖基坑土方} = (a + 2c + KH)(b + 2c + KH)H + \frac{1}{3}K^2H^3$$

根据题意查表 3.7、表 3.8 得放坡系数 $K = 0.33$，工作面宽度 $c = 0.3\ m$，根据图纸得垫层宽度 $a = b = 0.8\ m$，$H_{挖土深度} = 1.4\ m + 0.2\ m = 1.6\ m$

$$V_{挖基坑土方} = (a + 2c + KH_{挖土深度})(b + 2c + KH_{挖土深度})H_{挖土深度} + \frac{1}{3}K^2H^3_{挖土深度}$$

$$= (0.8\ m + 2 \times 0.3\ m + 0.33 \times 1.6\ m)^2 \times 1.6\ m + \frac{1}{3} \times 0.33^2 \times (1.6\ m)^3$$

$$= 7.43\ m^3$$

所以

$$V_{四方亭挖基坑土方} = V_{挖基坑土方} \times 4 = 29.72\ m^3$$

（7）回填　回填土包括场地回填、室内回填和基础回填。其中，场地回填为室外回填土；基础回填土是指基坑或基槽内的回填土，回填至基础土方开挖时的自然场地标高；室内回填土是指从开挖时的标高回填至室内垫层下表面的回填土。

①场地回填:按设计图示尺寸回填面积乘以平均回填厚度以体积计算。

当回填场地较大,可以用方格网法计算;如场地回填面积不大,且有测量标高,可以用下式计算:

$$V_{场地回填} = S_{场地回填面积} \times h_{平均回填厚度}$$

【例3.42】 某园林工程场地回填土如图3.63所示,计算该工程场地回填清单工程量。

【解】

(1)清单工程量计算规则:按设计图示尺寸回填面积乘以平均回填厚度以体积计算。

(2)清单工程量计算:

项目编码:010103001001　　　　项目名称:场地回填

$$V_{场地回填} = S_{场地回填面积} \times h_{平均回填厚度}$$

$$S_{场地回填面积} = 8.5\ \text{m} \times (7.5 + 15)\ \text{m} + 8.5\ \text{m} \times 15\ \text{m} = 318.75\ \text{m}^2$$

$$h_{平均回填厚度} = (1.533 + 1.534 + 1.628 + 1.611 + 1.562 + 1.630 + 1.625 + 1.677 + 1.597)\ \text{m} \div 9$$
$$= 1.60\ \text{m}$$

$$V_{场地回填} = 318.75\ \text{m}^2 \times 1.6\ \text{m} = 510.00\ \text{m}^3$$

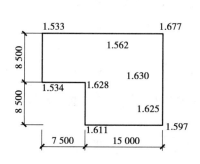

图3.63　场地回填图

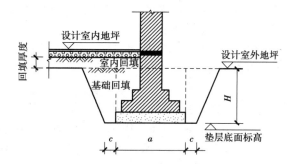

图3.64　室内及基础回填图

②室内回填(图3.64):主墙间面积乘以回填厚度,不扣除间隔墙。其计算公式为:

$$V_{室内回填} = S_{室内净面积} \times h_{回填厚度}$$
$$= S_{室内净面积} \times (设计室内地坪标高 - 设计室外地坪标高 - 地面垫层厚度 - 地面装饰层厚度)$$

③基础回填:按挖方清单项目工程量减去自然地坪以下埋设的基础体积(包括基础垫层及其他构筑物)。其计算公式为:

$$V_{基础回填} = V_{挖土方} - V_{室外设计地坪以下埋设垫层及构筑物}$$

【例3.43】 某公园有现浇混凝土长凳一个,如图3.60所示,已知该长凳座凳中心线长7.8 m,挖沟槽土方1.17 m³,计算该长凳回填方清单工程量。

【解】

本例中回填方为基础回填。

(1)清单工程量计算规则:

基础回填:按挖方清单项目工程量减去自然地坪以下埋设的基础体积。

(2)清单工程量计算:

项目编码:010103001001　　　　项目名称:回填方

$$V_{基础回填} = V_{挖土方} - V_{室外设计地坪以下埋设垫层及构筑物}$$

由已知条件得 $V_{挖土方} = 1.7\ \text{m}^3$,$L = 7.8\ \text{m}$,室外设计地坪以下埋设的构件有碎石垫层和混凝土凳。

$$V_{碎石垫层} = S_{垫层断面} \times L = (0.4 + 0.1 \times 2) \text{ m} \times 0.15 \text{ m} \times 7.8 \text{ m} = 0.70 \text{ m}^3$$

$$V_{室内地坪下埋混凝土凳} = S_{混凝土凳断面} \times L = 0.4 \times 0.1 \times 7.8 = 0.31 \text{ m}^3$$

$$V_{回填方} = V_{基础回填} = V_{挖土方} - V_{碎石垫层} - V_{室外地坪下埋混凝土凳} = (1.17 - 0.70 - 0.31) \text{ m}^3$$
$$= 0.16 \text{ m}^3$$

【例3.44】 某园林建筑基础平面图及剖面图如图3.61所示,不考虑场地回填。已知地圈梁顶标高为 -0.300 m,构造柱落于地圈梁上,室外地坪标高为 -0.300 m,室内地坪标高为 ± 0.000,室内楼地面装饰做法为素土夯实,100 mm 厚 C10 混凝土垫层,20 mm 厚 1:2 水泥砂浆结合层,10 mm 厚地砖。挖沟槽土方 125.55 m³,室内回填面积为 49.76 m²,设计室外地坪下埋圈梁 2.48 m³,砖基础 18.52 m³,计算该工程土方回填清单工程量。

【解】

本例中土方回填包括室内回填和基础回填。

(1)清单工程量计算规则:

①室内回填:主墙间面积乘以回填厚度,不扣除间隔墙。

②基础回填:按挖方清单项目工程量减去自然地坪以下埋设的基础体积。

(2)清单工程量计算:

项目编码:010103001001　　　　　项目名称:回填方

①室内回填计算

$$V_{室内回填} = S_{室内净面积} \times h_{回填厚度}$$

$$h_{回填厚度} = 设计室内地坪标高 - 设计室外地坪标高 - 地面垫层厚度 - 地面装饰层厚度$$
$$= 0.3 \text{ m} - 0.1 \text{ m} - 0.02 \text{ m} - 0.01 \text{ m} = 0.17 \text{ m}$$

$$V_{室内回填} = S_{室内净面积} \times h_{回填厚度} = 49.76 \text{ m}^2 \times 0.17 \text{ m} = 8.46 \text{ m}^3$$

②基础回填计算:

$$V_{基础回填} = V_{挖土方} - V_{室外设计地坪以下埋设垫层及构筑物}$$

a. $V_{挖土方} = V_{挖沟槽土方} = 125.55 \text{ m}^3$

b. $V_{设计室外地坪下埋构件} = V_{垫层} + V_{设计室外地坪以下砖基础} + V_{设计室外地坪以下地圈梁}$(构造柱落于地圈梁上,地圈梁顶标高为 -0.3 m,所以设计室外地坪以下没有构造柱)

外墙下垫层按外墙中心线长度计算,内墙下垫层长度按内墙垫层净长度计算。

$$L_{外墙垫层} = L_{外墙} = (7.5 + 8.5) \text{ m} \times 2 = 32.00 \text{ m}$$

$$L_{内墙垫层} = (7.5 - 0.8) \text{ m} + (4 - 0.8) \text{ m} = 9.90 \text{ m}$$

$$L_{垫层} = L_{外墙垫层} + L_{内墙垫层} = 32.00 \text{ m} + 9.90 \text{ m} = 41.90 \text{ m}$$

所以　　　　$$V_{垫层} = S_{截面} \times L_{垫层} = 0.8 \text{ m} \times 0.2 \text{ m} \times 41.90 \text{ m} = 6.70 \text{ m}^3$$

$$V_{设计室外地坪下埋构件} = V_{垫层} + V_{设计室外地坪以下地圈梁} + V_{设计室外地坪以下砖基础}$$
$$= 6.70 \text{ m}^3 + 2.48 \text{ m}^3 + 18.52 \text{ m}^3 = 27.70 \text{ m}^3$$

c. $V_{基础回填} = V_{挖土方} - V_{设计室外地坪下埋构件} = 125.55 \text{ m}^3 - 27.70 \text{ m}^3 = 97.85 \text{ m}^3$

③回填方计算:

$$V_{回填方} = V_{室内回填} + V_{基础回填} = 8.46 \text{ m}^3 + 97.85 \text{ m}^3 = 106.31 \text{ m}^3$$

(8)余方弃置

按挖方清单项目工程量减利用回填方体积(正数)计算(m³)。

$$V_{余方弃置} = V_{挖土方} - V_{回填方}$$

【例3.45】 某园林建筑基础平面及剖面如图3.61所示,已知挖沟槽土方 125.55 m³,回填方 106.31 m³,计算该工程余方弃置清单工程量。

【解】

(1)清单工程量计算规则:按挖方清单项目工程量减利用回填方体积(正数)计算。

(2)清单工程量计算:

项目编码:010103002001   项目名称:余方弃置

$$V_{余方弃置} = V_{挖土方} - V_{回填方} = 125.55 \text{ m}^3 - 106.31 \text{ m}^3 = 19.24 \text{ m}^3$$

【例3.46】 某公园有花池一处,其平面和剖面如图3.46所示。本工程基础土方为人工挖土,土壤为砂土,均为天然密实土,花池外原土回填,花池内种植土回填。计算该花池土方工作清单工程量。

【解】

该花池土方工作清单项目包括挖基坑土方、种植土回填、砂土回填、砂土弃置。

(1)清单工程量计算规则:

①挖基坑土方:按设计图示尺寸以体积计算。

②种植土回填:按设计图示回填面积乘以回填厚度以体积计算。

③砂土回填:按挖方清单项目工程量减去自然地坪以下埋设的基础体积。

④砂土弃置:按挖方清单项目工程量减利用回填方体积(正数)计算(m³)。

例3.46 动画

(2)清单工程量计算:

①项目编码:010101004001   项目名称:挖基坑土方

$$\begin{aligned} V_{基坑} &= S_{底面积} \times H_{挖土深度} \\ &= (2.52 + 0.24 \times 2 + 0.6 - 0.24)\text{m} \times (1.52 + 0.24 \times 2 + 0.6 - 0.24)\text{m} \times (0.72 + 0.15)\text{ m} \\ &= 6.90 \text{ m}^3 \end{aligned}$$

②项目编码:050101009001   项目名称:种植土回填

$$\begin{aligned} V_{种植土回填} &= 回填面积 \times 回填厚度 \\ &= 2.52 \times 1.52 \times 0.6 \text{ m}^3 + [2.52 - (0.6 - 0.24)]\text{m} \times [1.52 - (0.6 - 0.24)]\text{m} \times 0.15 \text{ m} \\ &= 2.67 \text{ m}^3 \end{aligned}$$

③项目编码:010103001001   项目名称:砂土回填

$$L_{中心线} = (2.52 + 0.24 + 1.52 + 0.24)\text{m} \times 2 = 9.04 \text{ m}$$

$$V_{自然地坪下埋垫层} = L_{中心线} \times S_{垫层截面} = 9.04 \times 0.6 \times 0.15 \text{ m}^3 = 0.81 \text{ m}^3$$

$$V_{自然地坪下埋砖砌体} = L_{中心线} \times S_{砖砌体截面} = 9.04 \times 0.72 \times 0.24 \text{ m}^3 = 1.56 \text{ m}^3$$

所以 $V_{砂土回填} = V_{基坑} - V_{自然地坪下埋垫层} - V_{自然地坪下埋砖砌体} - V_{种植土回填} - 2.52 \text{ m} \times 1.52 \text{ m} \times (0.72 - 0.6)\text{m} = (6.90 - 0.81 - 1.56 - 2.67 - 0.46)\text{ m}^3 = 1.40 \text{ m}^3$

④项目编码:010103002001   项目名称:余方弃置

$$V_{砂土弃置} = V_{基坑} - V_{砂土回填} = (6.90 - 1.40)\text{ m}^3 = 5.50 \text{ m}^3$$

2)砌筑工程

园林工程中的砌筑工程一般用于园林建筑、园林仿古建筑及部分园林景观工程中。其工程量清单项目包括砖砌体、砌块砌体、石砌体及垫层。

(1)工程量计算规则相关规定

①基础与墙、柱的划分:砖基础与墙、柱划分应以设计室内地坪为界(有地下室的以地下室室内设计地坪为界),以上为墙(柱)身。基础与墙身用不同材料时,位于设计室内地坪 ≤ ±300 mm时,以不同材料为界,超过 ±300 mm,应以设计室内地坪为界。砖围墙应以设计室外地坪为界,以下为基础,以上为墙身。

石基础、石勒脚、石墙的划分：基础与勒脚以设计室外地坪为界；勒脚与墙身以设计室内地坪为界。

石围墙内外地坪标高不同时，应以较低地坪标高为界，以下为基础；内外标高之差为挡土墙，挡土墙以上为墙身。

②标准砖墙厚度按表3.12计算。

表3.12　标准墙计算厚度表

砖数(厚度)	1/4	1/2	3/4	1	3/2	2	5/2	3
计算厚度(mm)	53	115	180	240	365	490	615	740

（2）砖砌体　砖砌体主要包括砖基础、砖砌挖孔桩护壁、实心砖墙、多孔砖墙、空心砖墙、空斗墙、空花墙、填充墙、实心砖柱、多孔砖柱、砖检查井、零星砌砖、砖散水（地坪）、砖地沟（明沟）。

①砖基础

●计算规则：按设计图示尺寸以体积计算。包括附墙垛基础宽出部分体积，扣除地梁（圈梁）、构造柱所占体积，不扣除基础大放脚T形接头处的重叠部分及嵌入基础内的钢筋、铁件、管道、基础砂浆防潮层和单个面积≤0.3 m² 的孔洞所占体积，靠墙暖气沟的挑檐不增加。

●计算方法：砖基础有带形砖基础和独立砖基础两类。带形砖基础主要为砖墙下的基础，又称条形砖基础，独立砖基础主要为砖柱下基础。

a.带形砖基础。带形砖基础分为等高式和不等高式两种（图3.65）。其计算公式为：

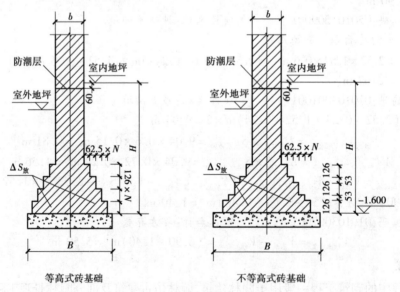

图3.65　带形基础计算示意图

$$V_{带形砖基础} = (bH + \Delta S_{放}) \times L - V_{扣除}$$

式中　$V_{带形砖基础}$——带形砖基础体积；b——基础墙厚度（同砖墙厚度）；H——基础高度（参照基础与墙、柱的划分规定）；$\Delta S_{放}$——基础放脚增加面积（可根据表3.13查询，也可以按照图纸计算）；L——砖基础长度（外墙按中心线计算、内墙按净长线计算）；$V_{扣除}$——带形基础中的圈梁、构造柱等（参照"混凝土及钢筋混凝土工程"计算规定）。

表 3.13　带形基础大放脚增加面积表

大放脚层数(n)	$\Delta S_{放}$		大放脚层数(n)	$\Delta S_{放}$	
	等高式	不等高式		等高式	不等高式
一	0.015 8	0.015 8	七	0.441 0	0.346 5
二	0.047 3	0.039 4	八	0.576 0	0.441 0
三	0.094 5	0.078 8	九	0.708 8	0.551 3
四	0.157 5	0.126 0	十	0.866 3	0.669 4
五	0.236 3	0.189 0	十一	1.039 5	0.803 3
六	0.330 8	0.259 9	十二	1.228 5	0.945 0

注:等高式 $\Delta S_{放} = 0.126 \times 0.062\ 5 \times n(n+1) = 0.007\ 875 \times n(n+1)$;

不等高式 $\Delta S_{放} = 0.007\ 875[n(n+1) - \sum 半层层数数值]$。

【例 3.47】　某公园有砖砌墙体一段,如图 3.66 所示,已知该砖砌墙墙体与基础都采用 M5 水泥砂浆砌筑标准页岩砖,墙体顶端做素混凝土压顶,墙下基础和墙体长度相同,计算该砖砌墙体基础清单工程量。

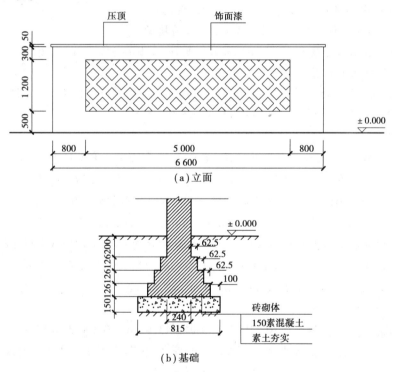

图 3.66　空花墙示意图

【解】

(1)清单工程量计算方法:

$$V_{带形砖基础} = (bH + \Delta S_{放}) \times L - V_{扣除}$$

例 3.47 动画

(2)清单工程量计算：

项目编码:010401001001　　　　项目名称:砖基础

由题意知该工程 ± 0.000 以下为砖基础,以上为墙身,该砖基础中没有 $V_{扣除}$。

由图得基础墙厚度 $b = 0.24$ m,砖基础高度 $H = 0.126$ m $\times 3 + 0.2$ m $= 0.58$ m,砖基础长度 $L = 6.6$ m。

该砖基础为等高式放脚,放脚层数为 3 层,查表3.13 得 $\Delta S_{放} = 0.095\ 6\ \text{m}^2$。

或者直接计算: $\Delta S_{放} = [0.062\ 5 \times 0.126 \times 3 \times (3 + 1)]\ \text{m}^2 = 0.094\ 5\ \text{m}^2$

所以 $V_{带形砖基础} = (bH + \Delta S_{放}) \times L = [(0.24 \times 0.58 + 0.094\ 5) \times 6.6]\ \text{m}^3 = 1.54\ \text{m}^3$

【例3.48】　某园林建筑砖基础如图3.61 所示,室内地坪标高为 ± 0.000,室内地坪下 60 mm 做防潮层。已知该砌体 ± 0.000 以下采用 M5 水泥砂浆砌筑 MU15 页岩标准砖, ± 0.000 以上采用 M5 混合砂浆砌筑 MU15 页岩标准砖,地圈梁顶标高为 -0.300 m,构造柱落于地圈梁上,混凝土强度等级为 C20。计算该带形砖基础清单工程量。

【解】

(1)清单工程量计算方法:

$$V_{带形砖基础} = (bH + \Delta S_{放}) \times L - V_{扣除}$$

(2)清单工程量计算:

项目编码:010401001001　　　　项目名称:砖基础

由题意知该工程 ± 0.000 以下为砖基础,以上为墙身。

①由已知得基础墙厚度 $b = 0.24$ m,基础高度 $H = 1.9$ m $- 0.2$ m $= 1.70$ m

②带形砖基础长 L 计算:

$L_{外墙} = (7.5$ m $+ 8.5$ m$) \times 2 = 32.00$ m, $L_{内墙} = (7.5$ m $- 0.24$ m$) + (4$ m $- 0.24$ m$) = 11.02$ m

所以 $L = L_{外墙} + L_{内墙} = 32.00$ m $+ 11.02$ m $= 43.02$ m

③ $\Delta S_{放}$ 计算:

该基础为等高式放脚,放脚层数为 3 层,查表3.13 得 $\Delta S_{放} = 0.094\ 5\ \text{m}^2$,或

$$\Delta S_{放} = [0.062\ 5 \times 0.126 \times 3 \times (3 + 1)]\ \text{m}^3 = 0.094\ 5\ \text{m}^2$$

④ $V_{扣除}$ 计算:图3.61 中,砖基础内的构件有 ± 0.00 以下的圈梁和构造柱

$$V_{圈梁} = S_{截面} \times L = 0.24\ \text{m} \times 0.24\ \text{m} \times 43.02\ \text{m} = 2.48\ \text{m}^3$$

$V_{构造柱} = ($构造柱断面长 $\times$ 构造柱断面宽 $\times$ 构造柱数量 $+$ 墙厚 $\times 0.03 \times$ 马牙槎数量$) \times$ 柱高

$= (0.24\ \text{m} \times 0.24\ \text{m} \times 9 + 0.24\ \text{m} \times 0.03\ \text{m} \times 22) \times 0.3\ \text{m} = 0.20\ \text{m}^3$

所以 $V_{扣除} = V_{圈梁} + V_{构造柱} = 2.48\ \text{m}^3 + 0.20\ \text{m}^3 = 2.68\ \text{m}^3$

⑤带形基础工程量计算:

$$V_{带形基础} = (0.24 \times 1.70 + 0.094\ 5)\ \text{m}^2 \times 43.02\ \text{m} - 0.68\ \text{m}^3 = 18.94\ \text{m}^3$$

b.独立砖基础。独立砖基础分为等高式和不等高式(图3.67)。其计算公式为:

$$V_{独立砖基础} = abH + \Delta V_{放}$$

式中　$V_{独立砖基础}$——独立砖基础体积; a, b——基础柱断面的长和宽; H——砖基础高度;

　　　$\Delta V_{放}$——大放脚增加体积(可从表3.14、表3.15 中查询)。

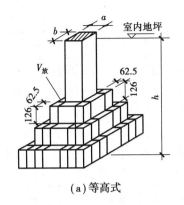

（a）等高式

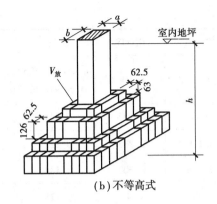

（b）不等高式

图3.67　独立砖基础计算示意图

表3.14　独立砖基础大放脚（等高式）增加体积表

$a+b$	0.48	0.605	0.73	0.855	0.98	1.105	1.23
n＼$a \times b$	0.24×0.24	0.24×0.365	0.365×0.365　0.24×0.49	0.365×0.49　0.24×0.615	0.49×0.49　0.365×0.65	0.49×0.615　0.365×0.74	0.615×0.615　0.49×0.74
一	0.010	0.011	0.013	0.015	0.017	0.019	0.021
二	0.033	0.038	0.045	0.050	0.056	0.062	0.068
三	0.073	0.085	0.097	0.108	0.120	0.132	0.144
四	0.135	0.154	0.174	0.194	0.213	0.233	0.253
五	0.221	0.251	0.281	0.310	0.340	0.369	0.400
六	0.337	0.379	0.421	0.462	0.503	0.545	0.586
七	0.487	0.543	0.597	0.653	0.708	0.763	0.818
八	0.674	0.745	0.816	0.887	0.957	1.028	1.095
九	0.910	0.990	1.078	1.167	1.256	1.344	1.433
十	1.173	1.282	1.390	1.498	1.607	1.715	1.823

注：等高式　$\Delta V_{放} = n(n+1)\left[0.007\,875(a+b) + 0.000\,328\,125(2n+1)\right]$

表3.15　独立砖基础大放脚（不等高式）增加体积表

$a+b$	0.48	0.605	0.73	0.855	0.98	1.105	1.23
n＼$a \times b$	0.24×0.24	0.24×0.365	0.365×0.365　0.24×0.49	0.365×0.49　0.24×0.615	0.49×0.49　0.365×0.65	0.49×0.615　0.365×0.74	0.615×0.615　0.49×0.74
一	0.010	0.011	0.013	0.015	0.017	0.019	0.021
二	0.028	0.033	0.038	0.043	0.017	0.052	0.057
三	0.061	0.071	0.081	0.091	0.101	0.106	0.112

续表

$a+b$	0.48	0.605	0.73	0.855	0.98	1.105	1.23
$a \times b$ ／ n	0.24×0.24	0.24×0.365	0.365×0.365 0.24×0.49	0.365×0.49 0.24×0.615	0.49×0.49 0.365×0.65	0.49×0.615 0.365×0.74	0.615×0.615 0.49×0.74
四	0.11	0.125	0.141	0.157	0.173	0.188	0.204
五	0.179	0.203	0.227	0.25	0.274	0.297	0.321
六	0.269	0.302	0.334	0.367	0.399	0.432	0.464
七	0.387	0.43	0.473	0.517	0.56	0.599	0.647
八	0.531	0.586	0.641	0.696	0.751	0.806	0.861
九	0.708	0.776	0.845	0.914	0.983	1.052	1.121
十	0.917	1.001	1.084	1.168	1.252	1.335	1.419

【例3.49】　某工程独立砖基础剖如图3.65(不等高式砖基础)所示,已知砖基础与砖柱采用同一种材料砌筑,柱断面为240 mm×240 mm,室内地坪标高为±0.000,计算该独立基础清单工程量。

【解】

(1)清单工程量计算方法:$V_{独立砖基础} = abH + \Delta V_{放}$

(2)清单工程量计算:

项目编码:010401001001　　　　　　　　项目名称:独立砖基础

由题意得基础柱断面长和宽 $a = b = 0.24$ m,砖基础高度 $H = 1.6$ m,查表3.15得大放脚增加体积 $\Delta V_{放} = 0.179$ m³

$$V_{独立砖基础} = abH + \Delta V_{放} = (0.24 \times 0.24 \times 1.6 + 0.179) \text{m}^3 = 0.27 \text{ m}^3$$

②实心砖墙、多孔砖墙和空心砖墙

●计算规则:按设计图示尺寸以体积计算。扣除门窗、洞口、嵌入墙内的钢筋混凝土柱、梁、圈梁、挑梁、过梁及凹进墙内的壁龛、管槽、暖气槽、消火栓箱所占体积;不扣除梁头、板头、檩头、垫木、木楞头、沿椽木、木砖、门窗走头、砖墙内加固钢筋、木筋、铁件、钢管及单个面积≤0.3 m²的孔洞所占体积。凸出墙面的腰线、挑檐、压顶、门窗线、虎头砖、门窗套的体积亦不增加。凸出墙面的砖垛并入墙体体积内计算。

砖墙计算公式为:

$$V_{砖墙} = (L_{墙} \times H_{墙} - S_{洞口}) \times b_{墙厚} - V_{柱、梁} + V_{垛}$$

式中　$V_{砖墙}$——砖墙体积;$L_{墙}$——墙长;$H_{墙}$——墙高;$S_{洞口}$——门、窗、单个面积>0.30 m²的孔洞面积;$b_{墙厚}$——砖墙厚;$V_{柱、梁}$——圈梁、挑梁及构造柱体积;$V_{垛}$——墙垛体积。

a.墙长($L_{墙}$):外墙按中心线计算,内墙按净长线计算。

b.墙高($H_{墙}$)

外墙墙高,斜(坡)屋面无檐口天棚者算至屋面板底;有屋架且室内外均有天棚者算至屋架下弦底另加200 mm[图3.68(a)],无天棚者算至屋架下弦底另加300 mm,出檐宽度超过

600 mm时按实砌高度计算[(图3.68(b)];有钢筋混凝土楼板隔层算至板顶。平屋面算至钢筋混凝土板底[图3.68(c)]。

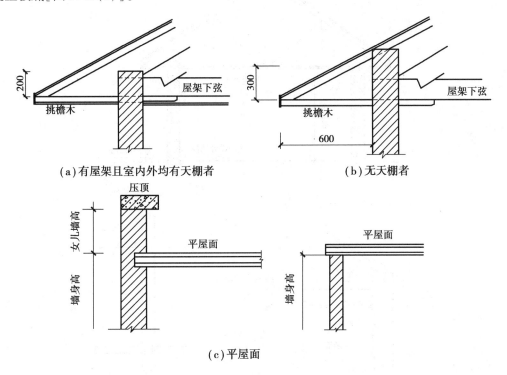

图3.68　外墙墙高示意图

内墙墙高,位于屋架下弦者,算至屋架下弦底;无屋架者算至天棚底另加100 mm;有钢筋混凝土楼板隔层者算至楼板顶;有框架梁时算至梁底(图3.69)。

女儿墙:从屋面板上表面算至女儿墙顶面(如有混凝土压顶时算至压顶下表面)[图3.68(c)]。

内、外山墙:按其平均高度计算。外山墙的平均高度为$H_2+\dfrac{1}{2}H_1$(图3.70)。

c.门窗洞口面积($S_{洞口}$)为门、窗及单个>0.3 m²洞口面积。其中,门窗面积为门窗洞口面积,而不是门窗的框外围面积。

d.墙厚($b_{墙厚}$)参看表3.12标准墙计算厚度表。

e.框架间墙,工程量计算不分内外墙按墙体净尺寸以体积计算。

f.围墙,其高度算至压顶上表面(如有混凝土压顶时算至压顶下表面),围墙柱并入围墙体积内计算。

【例3.50】　某单层园林建筑平面图如图3.71所示,墙身M5混合砂浆砌筑MU15标准页岩砖,墙厚均为240 mm,层高3 m,砖墙中构造柱1.34 m³,圈梁1.14 m³,过梁0.80 m³。女儿墙厚180 mm,高0.5 m,女儿墙中构造柱0.13 m³。C1尺寸为1 500 mm×1 800 mm,M1、M2尺寸为1 500 mm×2 000 mm,请计算砖墙清单工程量(不考虑基础部分构件)。

【解】

(1)清单工程量计算方法:

$$V_{砖墙}=(L_{墙}\times H_{墙}-S_{洞口})\times b_{墙厚}-V_{柱、梁}+V_{垛}$$

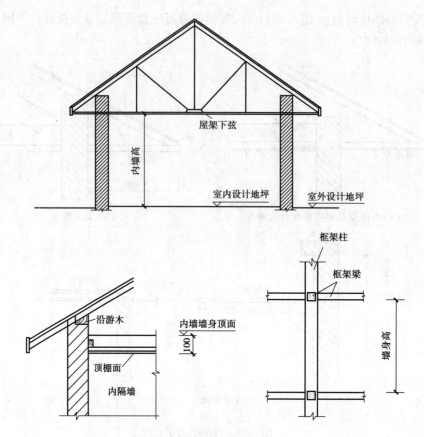

图 3.69　内墙墙高示意图

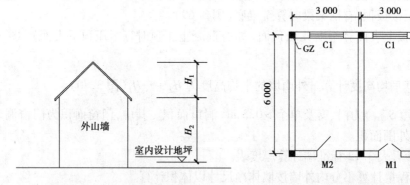

图 3.70　内外山墙墙高示意图　　　　图 3.71　某单层园林建筑平面图

(2)清单工程量计算:

该工程清单项目可分为实心砖墙及女儿墙两个部分。该实心砖墙中需扣除构造柱、圈梁、过梁所占体积,女儿墙中需扣除构造柱体积。

①项目编码:010401003001　　　　　项目名称:实心砖墙

由已知条件得 $H_{墙}=3.00$ m, $b_{墙厚}=0.24$ m

计算 $L_{墙}$:

$$L_{外墙}=(6+9)\ \text{m}\times 2=30.00\ \text{m}, L_{内墙}=6\ \text{m}-0.24\ \text{m}=5.76\ \text{m}$$

所以 $L_{墙}=L_{外墙}+L_{内墙}=30.00\ \text{m}+5.76\ \text{m}=35.76\ \text{m}$

计算门窗洞口面积：$S_{洞口} = 1.5\text{ m} \times 1.8\text{ m} \times 4 + 1.5\text{ m} \times 2\text{ m} \times 2 = 16.80\text{ m}^2$

计算墙垛体积：$V_{墙垛} = 0.24\text{ m} \times 0.24\text{ m} \times 3\text{ m} \times 2 = 0.35\text{ m}^2$

实心墙体工程量计算，应该扣除构造柱（1.34 m^3）、圈梁（1.14 m^3）及过梁（0.80 m^3）体积。

所以 $V_{砖墙} = (L_墙 \times H_墙 - S_{洞口}) \times b_{墙厚} - V_{柱,梁} + V_垛$

$= (35.76\text{ m} \times 3\text{ m} - 16.80\text{ m}^2) \times 0.24\text{ m} - (1.34 \times 1.14 + 0.80)\text{m}^3 + 0.35\text{ m}^3 = 18.79\text{ m}^3$

②项目编码：010401003002   项目名称：女儿墙

女儿墙工程量应扣除女儿墙中构造柱体积。

由已知条件得 $H_{女儿墙} = 0.50\text{ m}$，$b_{女儿墙} = 0.18\text{ m}$

$L_{女儿墙} = (6 + 0.24 - 0.18 + 9 + 0.24 - 0.18)\text{ m} \times 2 = 30.14\text{ m}$

$V_{女儿墙} = L_{女儿墙} \times H_{女儿墙} \times b_{女儿墙} - V_{女儿墙构造柱} = 30.14\text{ m} \times 0.5\text{ m} \times 0.18\text{ m} - 0.13\text{ m}^3 = 2.58\text{ m}^3$

③空斗墙：即用砖砌筑而成的空心墙体，较同等体积的普通实心砖墙节约材料用量，墙内形成的空气隔层，提高了隔热和保温性能。

按设计图示尺寸以空斗墙外形体积计算。墙角、内外墙交接处、门窗洞口立边、窗台砖、屋檐出的实砌部分体积并入空斗墙体积内。空斗墙的窗间墙、窗台下、楼板下、梁头下实砌部分按零星砌砖项目项目编码列项计算。

④空花墙：用砖砌砌筑的具有装饰性的透空墙体，多用于公园花墙或公厕通风等。

按设计图示尺寸以空花部分外形体积计算，不扣除孔洞部分体积。空花墙适用于各种类型的空花墙，使用混凝土花格砌筑的空花墙，实砌墙体与混凝土花格应分别计算，混凝土花格按"混凝土及钢筋混凝土"中预制构件相关项目编码列项。

【例3.51】某公园有砖砌墙体一段，如图3.66所示，其中空花墙部分尺寸为5 000 mm × 1 200 mm，墙体顶端做素混凝土压顶，已知墙体厚度为240 mm，计算该墙体砌筑清单工程量。

【解】

该砌筑工程清单项目包括实心砖墙和空花墙。

（1）清单工程量计算规则：

①实心砖墙：按设计图示尺寸以体积计算。

②空花墙：按设计图示尺寸以空花部分外形体积计算，不扣除孔洞部分体积。

（2）清单工程量计算：

该砌筑工程先计算空花墙部分，再用砌筑墙体整体体积减去空花墙部分即为实心砖墙体积。

①项目编码：010401007001   项目名称：空花墙

$V_{空花墙} = $ 空花墙长 $\times$ 空花墙高 $\times$ 空花墙厚 $= 5\text{ m} \times 1.2\text{ m} \times 0.24\text{ m} \times = 1.44\text{ m}^3$

②项目编码：010401003001   项目名称：实心砖墙

$V_{实心砖墙} = $ 墙长 $\times$ 墙高 $\times$ 墙厚 $- V_{空花墙}$

$= 6.6\text{ m} \times (0.5 + 1.2 + 0.3)\text{ m} \times 0.24\text{ m} - 1.44\text{ m}^3$

$= 1.73\text{ m}^3$

⑤填充墙：按设计图示尺寸以填充墙外形体积计算。

⑥砖柱：按设计图示尺寸以体积计算，扣除混凝土及钢筋混凝土梁垫、梁头、板头所占体积。

⑦零星砌砖：台阶、台阶挡墙、梯带、锅台、炉灶、蹲台、池槽、池槽腿、砖胎模、花台、花池、楼梯栏板、阳台栏板、地垄墙、$\leq 0.3\text{ m}^2$ 的孔洞填塞等，应按零星砌砖项目编码列项。砖砌锅台与炉灶可按外形尺寸以个计算。砖砌台阶可按水平投影面积以平方米计算（算至最上一个踏步边缘另加300 mm），小便槽、地垄墙可按长度计算，其他工程以立方米计算。

⑧砖散水、地坪:按设计图示尺寸以面积计算。

⑨砖地沟、明沟:按设计图示尺寸以中心线长度计算。

（3）砌块砌体及石砌体

①砌块墙、石墙计算同砖墙,砌块柱、石柱同砖柱。

②石基础:按设计图示尺寸以体积算。包括基础宽出部分的体积,不扣除基础砂浆防潮层及单个面积≤0.3 m² 的孔洞所占体积,靠墙暖气沟的挑檐不增加体积。基础长度:外墙按中心线长度计算,内墙按净长度计算。

③石勒脚:按设计图示尺寸以体积计算,扣除单个面积>0.3 m² 的孔洞所占的体积。

④石挡土墙按设计图示尺寸以体积计算。

⑤石栏杆按设计图示尺寸以长度计算。

⑥石护坡、石台阶按设计图示尺寸以体积计算。

⑦石坡道按设计图示以水平投影面积计算。

⑧石地沟、明沟按实际图示以中心线长度计算。

（4）垫层

除混凝土垫层外,没有包括垫层要求的清单项目应按该垫层项目编码列项。如灰土垫层、碎石垫层、毛石垫层等。

按设计图示尺寸以立方米计算。

3）混凝土及钢筋混凝土工程

园林工程中的混凝土及钢筋混凝土工程一般用于园林建筑和仿古建筑中。园林建筑中混凝土及钢筋混凝土柱、梁、板、基础、园林混凝土廊柱、梁、板、基础、景墙墙体和基础等均属于混凝土及钢筋混凝土工程。

混凝土及钢筋混凝土工程主要包括现浇混凝土构件,预制混凝土构件,钢筋,螺栓铁件。现浇构件模板工程应在措施项目中编码列项并计算。

现浇混凝土工程包括基础、柱、梁、墙、板、楼梯、后浇带和散水、坡道、台阶、扶手压顶、其他构件等构件。现浇混凝土小型池槽、垫块、门框等按其他构件项目编码列项。

（1）现浇混凝土基础(编码:010501)　根据园林项目内容,本节介绍现浇混凝土垫层、带形基础、独立基础,其他现浇混凝土基础参看附录3 相关内容。

独立基础主要是指现浇柱下独立基础和预制柱下的杯型基础(图3.72)。

带形基础又称条形基础,主要是承重墙和柱下钢筋混凝土基础。有肋带形基础、无肋带形基础应分别编码列项,并注明肋高(图3.73)。

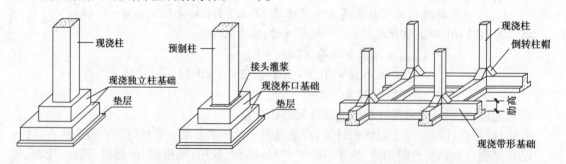

图 3.72　独立基础示意图　　　　图 3.73　带形基础示意图

工程量计算规则:按设计图示尺寸以体积计算。不扣除伸入承台基础的桩头所占体积。

计算方法：

①带形基础(图 3.74)：

$$V_{外墙带形基础} = L_{外墙基础中心线长度} \times S_{基础断面}$$

$$V_{内墙带形基础} = L_{内墙基础净长线} \times S_{基础断面面积} + V_{T形接头处搭接}$$

其中，$V_{T形接头处搭接} = bch_1 + \dfrac{ch_2}{6}(B+2b) = c\left[bh_1 + \dfrac{h_2}{6}(B+2b)\right]$

②独立基础：

独立基础的计算常需要用到棱台体积(图 3.75)。其计算公式为：

$$V_{棱台} = \frac{h}{6}\left[a \times b + (a+A) \times (b+B) + A \times B\right]$$

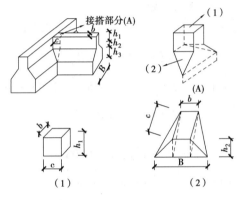

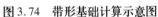

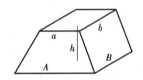

图 3.74　带形基础计算示意图　　　　　　图 3.75　棱台计算示意图

【例 3.52】　某方亭有 4 个现浇钢筋混凝土独立基础如图 3.76 所示,柱断面尺寸为 300 mm × 300 mm,柱顶标高为 2.66 m,计算该方亭垫层及独立基础清单工程量。

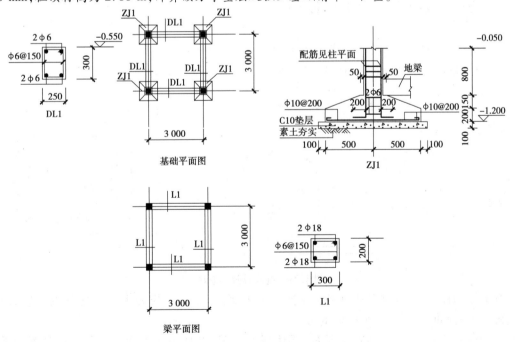

图 3.76　方亭基础与柱梁图

【解】

该方亭现浇混凝土基础清单项目包括垫层与独立基础

(1)清单工程量计算规则：

①现浇混凝土垫层按设计图示尺寸以体积计算。

②现浇混凝土独立基础按设计图示尺寸以体积计算。

例3.52 动画

(2)清单工程量计算：

①项目编码:010501001001　　　　　项目名称:垫层

$$V_{垫层} = 垫层底面积 \times 垫层厚度 \times 数量 = [(0.5+0.1)m \times 2]^2 \times 0.1\ m \times 4$$
$$= 0.58\ m^3$$

②项目编码:010501003001　　　　　项目名称:独立基础

$$V_{基础下部} = 基础底面积 \times 立方体厚度 = (0.5\ m + 0.5\ m)^2 \times 0.2\ m = 0.2\ m^3$$

$$V_{基础上部} = V_{棱台} = \frac{h}{6}[a \times b + (a+A) \times (b+B) + A \times B]$$

由图可知,$a = b = 0.3\ m + 0.05\ m \times 2 = 0.40\ m, A = B = 0.5\ m + 0.5\ m = 1.00\ m, h = 0.15\ m$

$$V_{基础上部} = \frac{h}{6}[a \times b + (a+A) \times (b+B) + A \times B]$$

$$\left[\frac{0.15}{6} \times (0.4^2 + (0.4+1)^2 + 1^2)\right]m^3 = 0.08\ m^3$$

所以 $V_{独立基础} = (V_{基础上部} + V_{基础下部}) \times 4 = (0.08 + 0.2)m^3 \times 4 = 1.12\ m^3$

(2)现浇混凝土柱(编码:010502)

现浇混凝土柱包括矩形柱、构造柱及异形柱。

工程量计算规则:按设计图示尺寸以体积计算,具体计算方法如下:

①矩形柱,即截面为矩形的现浇混凝土柱

$$V = abH$$

式中　V——矩形柱体积;a,b——矩形柱截面长、宽;H——矩形柱高。

矩形柱高 H 计算规则如下(图3.77):

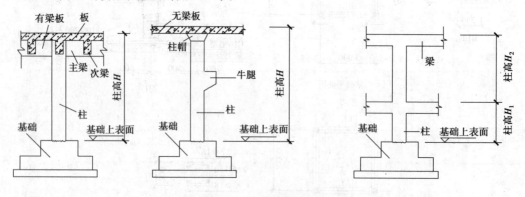

图3.77　柱高计算示意图

有梁板的柱高,应自柱基上表面(或楼板上表面)至上一层楼板上表面之间的高度计算。有梁板指梁板同时浇筑为一个整体的板。

无梁板的柱高,应自柱基础上表面(或楼板上表面)至柱帽下表面之间的高度计算。无梁板是指直接由柱子支撑的板。柱帽是指,当楼面荷载较大时,为提高板的承载能力、刚度和抗冲切能力,在柱顶设置的用来增加柱对板支托面积的结构。

框架柱的高柱,应自柱基上表面至柱顶高度计算。

依附在柱上的牛腿和升板的柱帽,应该并入柱身体积计算。注意如果是无梁板柱帽,应计入无梁板工程量。柱帽计算常用到圆台体积计算公式,如下:

$$V_{圆台} = \frac{1}{3}\pi h(R^2 + r^2 + Rr)(R, r \text{ 分别为圆台上下表面半径}, h \text{ 为圆台高})$$

【例3.53】　如图3.76所示为某方亭工程,已知柱断面尺寸为300 mm×300 mm,柱顶标高为2.66 m,计算该方亭现浇混凝土矩形柱清单工程量。

【解】

(1)清单工程量计算规则:

矩形柱按设计图示尺寸以体积计算。

(2)清单工程量计算:

项目编码:010502001001　　　　　项目名称:矩形柱

柱子共有4个,柱高应自柱基上表面算至柱顶,由图可知柱高,$H = (2.66 + 1.2 - 0.2 - 0.15)$ m $= 3.51$ m

$$V_{柱} = abH \times 4 = 0.3 \text{ m} \times 0.3 \text{ m} \times 3.51 \text{ m} \times 4 = 1.26 \text{ m}^3$$

②构造柱(图3.78),在砖混结构房屋墙体的规定部位,按构造配筋,并按先砌墙后浇灌混凝土柱的施工顺序制成的混凝土柱称为构造柱,其墙体砌成马牙槎形式(图3.78),从下部开始先退后进。圈梁在水平方向将楼板与墙体箍住,构造柱则从竖向加强墙体的连接,与圈梁一起构成空间骨架,提高建筑物的整体刚度,增加建筑物承受地震的作用力,是混合结构建筑墙体主要的抗震措施。构造柱一般设置在建筑物易于发生变形的部位,如房屋的四角,建筑物四周、内外墙相交处、楼梯间处,有错层的部位及某些较长墙体中部等,并与圈梁、地梁现浇成一体。构造柱不单独承重,不需设置独立基础,其下端锚固于钢筋混凝土基础或基础圈梁内。

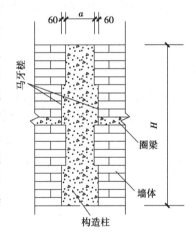

图3.78　构造柱计算示意图

$$V_{构造柱} = \sum (abH + V_{马牙槎})$$

式中　$V_{构造柱}$——构造柱体积;a——构造柱断面长;b——构造柱断面宽;H——构造柱高(构造柱按全高计算);$V_{马牙槎}$——构造柱马牙槎体积。

$$V_{马牙槎} = \sum (0.03 \times 墙厚 \times n \times H)$$

式中　0.03——马牙槎断面宽度;n——马牙槎水平投影个数;H——构造柱高。

结合以上两个公式得:

$$V_{构造柱} = \sum (ab + 0.03 \times 墙厚 \times n)H$$

【例3.54】　某园林建筑构造柱如图3.71所示,构造柱从基础圈梁到女儿墙顶,女儿墙高500 mm,基础圈梁顶标高为 -0.3 m,层高3 m,墙厚、墙体中构造柱的断面长和宽均为240 mm,女儿墙厚、女儿墙墙体中构造柱的断面长和宽均为180 mm。计算该工程构造柱清单工程量。

【解】

(1)清单工程量计算规则

构造柱按设计图示尺寸以体积计算。

(2)清单工程量计算:

项目编码:010502002001　　　　　项目名称:构造柱

$$V_{构造柱} = \sum (ab + 0.03 \times 墙厚 \times n)H$$

式中　$V_{构造柱}$——构造柱体积;a——构造柱断面长;b——构造柱断面宽;0.03——马牙槎断面宽度;n——马牙槎水平投影个数;H——构造柱高(构造柱按全高计算)。

若基础、墙体和女儿墙中均有构造柱,可分开计算,以便于砖基础、砖墙和女儿墙工程量计算。

①基础中的构造柱计算,由题意知,基础中 $a = b = 0.24$ m,墙厚 $= 0.24$ m,$H = 0.3$ m

L 形构造柱体积 $= [(0.24 \times 0.24 + 0.03 \times 0.24 \times 2) \times 0.3 \times 4] m^3 = 0.09 m^3$

T 形构造柱体积 $= [(0.24 \times 0.24 + 0.03 \times 0.24 \times 3) \times 0.3 \times 2] m^3 = 0.05 m^3$

$$V_{基础中构造柱} = L 形构造柱 + T 形构造柱 = (0.09 + 0.05) m^3 = 0.14 m^3$$

②墙体中构造柱计算,此处将 L 形和 T 形构造柱一起计算。由题意知,墙体中构造柱 $a = b = 0.24$ m,墙厚 $= 0.24$ m,$H = 3$ m

$$V_{砖墙中构造柱} = \sum (ab + 0.03 \times 墙厚 \times n)H$$
$$= [(0.24 \times 0.24 \times 6 + 0.03 \times 0.24 \times 14) \times 3] m^3$$
$$= 1.34 m^3$$

以上基础和墙体中的构造柱也可以一起计算,$H = (0.3 + 3) m = 3.3$ m

$$V_{基础与墙体中构造柱} = [(0.24 \times 0.24 \times 6 + 0.03 \times 0.24 \times 14) \times 3.3] m^3 = 1.48 m^3$$

③女儿墙中的构造柱计算,此处将 L 形和一字形构造柱一起计算。由题意知,墙体中 $a = b = 0.18$ m,墙厚 $= 0.18$ m,$H = 0.5$ m

$$V_{女儿墙构造柱} = [(0.18 \times 0.18 + 0.18 \times 0.03 \times 2) \times 0.50 \times 6] m^3 = 0.13 m^3$$

④构造柱体积算:

$$V_{构造柱} = V_{基础中构造柱} + V_{砖墙中构造柱} + V_{女儿墙构造柱} = (0.14 + 1.34 + 0.13) m^3 = 1.61 m^3$$

③异形柱,如圆形柱等。工程量按断面面积乘以柱高计算,柱高按矩形柱高规定计算。

(3)现浇混凝土梁(编码:010503)　现浇混凝土梁包括基础梁、矩形梁、异形梁、圈梁、过梁、弧形拱形梁。

基础梁是指基础上部连接基础的梁,常见于框架结构、框架剪力墙结构,框架柱落于基础梁或基础梁交叉点上,其主要作用将上部建筑的荷载传递到地基上。

矩形梁是指截面为矩形的梁。

异形梁是指截面为非矩形的梁。

圈梁是沿建筑物的全部外墙和部分内墙设置的连续封闭的梁,一般设置在建筑物的屋盖及楼盖处,在墙体砌筑到适当高度时与构造柱一起浇筑,在抗震设防地区,圈梁的设置是减轻震害的重要构造措施。

过梁是指门窗洞口上设置的横梁,宽度超过 300 mm 的洞口上部应设置过梁。过梁可以用砖砌筑,也可用木材、型钢和钢筋混凝土制作,以钢筋混凝土过梁采用最为广泛。

弧形、拱形梁,弧形梁指水平方向为弧形的梁,拱梁指垂直方向为拱形的梁。

工程量计算规则:按设计图示尺寸以体积计算。伸入墙内的梁头、梁垫并入梁体积内。具体计算方法如下:

①矩形梁、异形梁

$$V_梁 = S_梁 \times L_梁 + V_{梁垫}$$

式中　$V_梁$——梁体积;$S_梁$——梁断面面积;$L_梁$——梁长;$V_{梁垫}$——现浇梁垫体积。

其中,梁长确定方式为:梁与柱连接时,梁长算至柱侧面;主梁与次梁连接时,次梁算至主梁侧面。

【例3.55】　如图3.76所示的某方亭工程,柱断面为300 mm×300 mm。计算该方亭现浇混凝土基础梁及矩形梁清单工程量。

【解】

(1)清单工程量计算规则:

现浇混凝土梁按设计图示尺寸以体积计算。伸入墙内的梁头、梁垫并入梁体积内。

(2)清单工程量计算:

①项目编码:010503001001　　　　项目名称:基础梁

柱梁相交,梁长算至柱侧 $L_{基础梁} = L_{矩形梁} = (3-0.3) m \times 4 = 10.80 m$

$$V_{基础梁} = S_{基础梁截面} \times L_{基础梁} = (0.25 \times 0.3 \times 10.8) m^3 = 0.81 m^3$$

②项目编码:010503002001　　　　项目名称:矩形梁

$$V_{矩形梁} = S_{矩形梁} \times L_{矩形梁} = (0.3 \times 0.2 \times 10.8) m^3 = 0.65 m^3$$

②圈梁与过梁

当圈梁过门窗洞口时,由圈梁代过梁部分,其工程量计入圈梁工程量中。门窗洞口单独设置过梁时,按过梁计算。

【例3.56】　某单层园林建筑平面图如图3.71所示,板厚100 mm,层高3 m,层高位置设置240 mm×240 mm圈梁,整个墙体一圈,长度35.76 m,窗顶标高与圈梁底一致,洞口处设置过梁,两端各伸入墙体250 mm,高200 mm。C1尺寸为1 500 mm×1 800 mm,M1、M2尺寸为1 500 mm×2 000 mm,计算该园林建筑中圈梁和过梁的清单工程量。

【解】

(1)清单工程量计算规则:

现浇混凝土梁按设计图示尺寸以体积计算。伸入墙内的梁头、梁垫并入梁体积内。

(2)清单工程量计算:

①项目编码:010503004001　　　　项目名称:圈梁

圈梁在层高处设置,其高度应扣除板厚,圈梁计算高度为0.24 m-0.10 m=0.14 m。圈梁应该算至构造柱侧,应该扣除马牙槎计算宽度。

$$V_{圈梁} = S_{截面} \times L_{圈梁} = [0.24 \times 0.14 \times (35.76 - 0.24 \times 6 - 0.03 \times 14)] m^3$$
$$= 1.14 m^3$$

圈梁计算也可以先按全长计算,再扣除圈梁中多算的构造柱体积:

$V_{圈梁} = S_{截面} \times L - V_{圈梁中的构造柱}$

$= [0.24 \times 0.14 \times 35.76 - (0.24 \times 0.24 \times 6 + 0.03 \times 0.24 \times 14) \times 0.14] m^3 = 1.14 m^3$

②项目编码:010503005001   项目名称:过梁

窗洞上设圈梁,圈梁代过梁,过梁只计算门洞位置。

$$V_{过梁} = [(1.5 + 0.25 \times 2) \times 0.2 \times 2] m^3 = 0.80 \ m^3$$

(4)现浇混凝土墙(编码:010504) 现浇混凝土墙包括直形墙、弧形墙、短支剪力墙和挡土墙。

工程量计算规则:按设计图是尺寸以体积计算,扣除门窗洞口及单个 >0.3 m² 的孔洞所占面积,墙垛及突出墙面部分并入墙体体积内计算。

(5)现浇混凝土板(编码010505) 现浇混凝土板包括有梁板、无梁板、平板、拱板、薄壳板、栏板、天沟(檐沟)、挑檐板、雨篷、悬挑板、阳台板、空心板和其他板。

有梁板指梁、板同时浇筑为一个整体的构件。无梁板指直接由柱子支撑的板。平板指直接由墙支撑的板,常见于砖混结构中。薄壳板是指跨度比较大,板厚比较薄,浇筑时主要采用弧线模板来支撑板。

工程量计算规则:按设计图示尺寸以体积计算,不扣除单个面积 ≤0.3 m² 的柱、垛以及孔洞所占体积,各类板伸入墙内的板头并入板体积内计算。具体如下:

有梁板工程量按梁、板体积之和计算。无梁板柱帽要并入板体积内计算。

薄壳板其肋和基梁并入薄壳板体积内计算。

天沟、挑檐板按设计图示尺寸以体积计算。

雨篷、悬挑板、阳台板按设计图示尺寸以墙外部分体积计算。包括伸出墙外的牛腿和雨篷反挑檐的体积。

空心板按设计图示尺寸以体积计算。空心板(GBF 高强薄壁蜂巢芯板)应扣除空心部分体积。

现浇挑檐、天沟板、雨篷、阳台与板(包括屋面板、楼板)连接时,以外墙外边线为分界线;与圈梁(包括其他梁)时,以梁外边线为分界线。外边线以外为为挑檐、天沟、雨篷或阳台。

(6)现浇混凝土楼梯(编码:010506) 现浇混凝泥土楼梯包括直形楼梯和弧形楼梯两种。

工程量计算方式有两种:

①按设计图示尺寸以水平投影面积计算,不扣除宽度 ≤500 mm 的楼梯井,深入墙内部分不计算。其水平投影面积包括休息平台、平台梁、斜梁和楼梯的连接梁。当整体楼梯与现浇楼板无梯梁连接时,以楼梯最后一个踏步边沿加 300 mm 为界。

②按设计图示尺寸以体积计算。

计算时应该根据各地区实际情况选择一种方式计算。

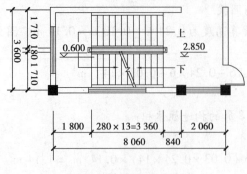

图 3.79 楼梯平面图

【例3.57】 某园林建筑有现浇混凝土楼梯,平面如图3.79所示,已知墙体厚度为240 mm,梯梁宽250 mm,以"m²"为计量单位计算该楼梯清单工程量。

【解】

(1)清单工程量计算规则:

按设计图示尺寸以水平投影面积计算,不扣除宽度 ≤500 mm 的楼梯井,深入墙内部分不计算。其水平投影面积包括休息平台、平台梁、斜梁和楼梯的连接梁。

（2）清单工程量计算：

项目编码:010506001001　　　　项目名称:直行楼梯

该楼梯有梯梁,需加入工程量内。楼梯井宽度180 mm,小于500 mm,不需要扣除。

$$S_{直行楼梯} = 水平投影长 \times 水平投影宽$$
$$= \left[(1.8 + 3.36 + 0.25 - 0.12) \times (3.6 - 0.24) \right] m^2 = 17.77\ m^2$$

（7）现浇混凝土其他构件

现浇混凝土其他构件包括散水、坡道、室外地坪、电缆沟、地沟、台阶、扶手压顶、化粪池、检查井。

①散水、坡道、室外地坪:按设计图示尺寸以水平投影面积计算。不扣除单个≤0.3 m² 的孔洞所占面积。

②台阶:按设计图示尺寸以水平投影面积计算,或按设计图示尺寸以体积计算。

【例3.58】　某公园有现浇混凝土台阶一段,长5 m,其剖面如图3.80所示,以"m²"为计量单位,计算该台阶清单工程量。

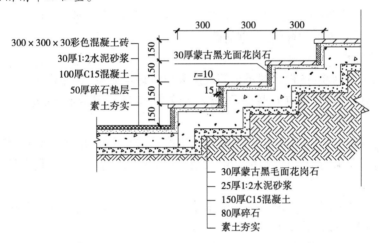

图3.80　台阶剖面图

【解】

（1）清单工程量计算规则:

台阶按水平投影面积计算,应算至最上一层踏步边沿加300 mm。

（2）清单工程量计算:

项目编码:010507004001　　　　项目名称:台阶

$$S_{台阶} = 水平投影长 \times 水平投影宽 = \left[5 \times (0.3 \times 3 + 0.3) \right] m^2 = 6.00\ m^2$$

③扶手、压顶:按设计图示尺寸以中心线延长米计算,或按设计图示尺寸以体积计算。

④化粪池、检查井:按设计图示尺寸以体积计算,或按设计图示数量以"座"计算。

⑤现浇混凝土小型池槽、垫块、门框等其他构件:按设计图示尺寸以体积计算。

（8）后浇带（编码:010508）　按设计图示尺寸以体积计算。

（9）预制混凝土构件（编码:0105）　预制混凝土构件包括预制混凝土柱、梁、板、屋架、楼梯和其他预制构件。其中,其他预制构件包括垃圾道、通风道、烟道和其他构件,其他构件包括预制钢筋混凝土小型槽池、压顶、扶手、垫块、隔热板、花格等。

工程量计算规则如下：

· 预制混凝土柱(编码:010509)、预制混凝土梁(编码:010510):按设计图示尺寸以体积或数量(根)计算。

· 预制混凝土屋架(编码:010511):按设计图示尺寸以体积或数量(榀)计算。

· 预制混凝土板(编码:010512):按设计图示尺寸以体积或数量(块)计算。空心板应扣除空洞体积。

· 预制混凝土楼梯(编码:010513):以 m^3 计量,按设计图示尺寸以体积计算,扣除空心踏步板孔洞体积;或以"段"计量,按设计图示数量计算。

· 其他预制构件(编码:010514):以 m^3 计量,按设计图示尺寸以体积计算,不扣除单个面积≤300 mm×300 mm 的孔洞所占体积,扣除烟道、垃圾道、通风道的孔洞所占的体积;或以 m^2 计量,按设计图示尺寸以面积计算;或以根计量,按设计图示尺寸以数量计算。

各地区应根据实际情况选择一种计量单位进行工程量计算。

(10)钢筋工程　钢筋工程包括现浇构件钢筋、预制构件钢筋、钢筋网片、钢筋笼、先张法预应力钢筋、后张法预应力钢筋、预应力钢丝、预应力钢绞线、支撑钢筋(铁马)和声测管。

钢筋工程,应区分现浇、预制构件、不同钢种和规格,分别编码列项计算。

①现浇构件钢筋、预制构件钢筋、钢筋网片、钢筋笼:按设计图示钢筋(网)长度(面积)乘以单位理论质量"t"计算。

②先张法预应力钢筋:按设计图示钢筋长度乘单位理论质量"t"计算。

③后张法预应力钢筋,预应力钢丝、预应力钢绞线:按设计图示钢筋(丝束、绞线)长度乘以单位理论质量"t"计算。

低合金钢筋两端均采用螺杆锚具时,钢筋长度按孔道长度减 0.35 m 计算,螺杆另行计算。

低合金钢筋一端采用镦头插片,另一端采用螺杆锚具时,钢筋长度按孔道长度计算,螺杆另行计算。

低合金钢筋一端采用镦头插片,另一端采用帮条锚具时,钢筋增加 0.15 m 计算;两端均采用帮条锚具时,钢筋长度按孔道长度增加 0.3 m 计算。

低合金钢筋采用后张混凝土自锚时,钢筋长度按孔道增加 0.35 m 计算。

低合金钢筋(钢绞线)采用 JM、XM、QM 型锚具,孔道长度≤20 m 时,钢筋长度增加 1 m 计算,孔道长度 >20 m 时,钢筋长度增加 1.8 m 计算。

碳素钢丝采用锥形锚具,孔道长度≤20 m 时,钢丝束长度按孔道长度增加 1 m 计算,孔道长度 >20 m 时,钢丝束长度按孔道长度增加 1.8m 计算。

碳素钢丝采用镦头锚具时,钢丝束长度按孔道长度增加 0.35 m 计算。

④支撑钢筋(铁马):按钢筋长度乘以单位理论质量计算。

现浇构件中固定位置的支撑钢筋、双层钢筋用的"铁马"在编制工程量清单时,如果设计未明确,其工程量可为暂估,结算时按现场签证数量计算。

⑤声测管:按设计图示尺寸以质量"t"计算。

⑥普通钢筋工程量计算方法:

普通钢筋指用于钢筋混凝土结构中的钢筋和预应力混凝土结构的非预应力钢筋。用于钢筋混凝土结构的热轧钢筋分为 HPB300(光圆钢筋),HRB335,HRB400,HRB500 四个级别。其中 HPB300 级钢筋为Ⅰ级钢筋,HRB335 级钢筋为Ⅱ级钢筋,HRB400 级钢筋为Ⅲ级钢筋,

HRB500 级钢筋为Ⅳ级钢筋。

普通钢筋工程量 = 钢筋长度 × 钢筋根数 × 单位理论质量

钢筋单位理论质量 = 0.006 165d^2（d 为钢筋直径 mm）

钢筋长度 = 构件长 - 保护层厚度 × 2 + 弯钩长 × 2 + 弯起钢筋增加值(Δl) × 2

　　　　 = 构件内净长 + 支座内锚固长度

钢筋设计长度超过钢筋出厂长度时，需要连接，所以钢筋工程量计算需要关注 3 个核心，钢筋根数、锚固长度、连接，都需要根据《混凝土结构施工图平面整体表示方法制图规则和构造详图》(16G101)相关规定或设计要求计算。

a. 混凝土保护层的最小厚度：见 16G101-1 第 56 页相关规定。

b. 弯钩长：

光圆钢筋，钢筋弯折的弯弧直径不应小于钢筋直径的 2.5 倍，平直部分长度不宜小于钢筋直径 3 倍；335 MPa 级、400 MPa 级带肋钢筋，不应小于钢筋直径的 4 倍，平直部分长度应符合设计要求；500 MPa 级带肋钢筋，当直径 ≤ 25 mm 时，弯弧内径不应小于钢筋直径的 6 倍，当直径 > 25mm 时，弯弧内径不应小于钢筋直径的 7 倍。

光圆钢筋 180°弯钩每个长 6.25d，135°弯钩每个长 4.9d，90°弯钩每个长 3.5d（d 为钢筋直径）。

c. 弯起钢筋增加值，即斜长与水平投影长度之间的差值(表 3.16)。

表 3.16　弯起钢筋增加值计算表

弯起角度	30°	45°	60°
增加值	0.268h	0.414h	0.577h

d. 支座内锚固长度：按 16G101 中钢筋在各支座内的锚固长度规定或设计要求计算。

⑦螺栓、铁件：

螺旋铁件包括螺栓、预埋铁件、机械连接。

螺栓和预埋铁件按设计图示尺寸以质量(t)计算。

机械连接按数量（个）计算。编制工程量清单时，如果设计未明确，其工程量可以为暂估量，实际工程按现场签证数量计算。

4) 木结构工程 (编码 0107)

本节适用于木屋架、木构件、屋面木基层。

木屋架是由木材制成的桁架式屋盖构件，一般分为三角形和梯形两种。木屋架是木结构建筑屋面系统的组成部分，根据下弦用料不同可分为木屋架和钢木屋架。木屋架应根据不同的类型、跨度、安装高度分别编码列项。

木构件包括木结构建筑中的木梁、木柱、木檩、木楼梯及其他木构件。木檩是垂直于屋架或椽子的水平屋顶梁，用于支撑椽子或屋面材料。

屋面木基层和木屋架共同构成了木结构建筑的屋面系统。屋面木基层包括椽子、望板、油毡、顺水条等构件。椽子是屋面基层的最底层构件，垂直安放在木檩条上。望板即屋面板，承受屋面荷载的板。顺水条是屋面瓦挂瓦条下面与挂瓦条垂直相交的木条，用来固定挂瓦条、架空屋面瓦，有利于屋顶通风。

（1）木屋架工程（编码 010701）

①木屋架：木屋架按设计图示以数量"榀"计算或按设计图示的规格尺寸以体积"m^3"计算。

②钢木屋架：钢木屋架按设计图示以数量"榀"计算。

屋架的跨度应以上、下弦中心线两交点之间的距离计算。

带气楼的屋架和马尾、折角以及正交部分的半屋架，按相关屋架项目编码列项。

以"榀"计算，按照标准图设计的应注明标准图代号，按非标准图设计的项目特征必须按规范中项目特征要求予以描述。

（2）木构件工程（编码 010702）

①木柱、木梁：按设计图示尺寸以体积"m^3"计算。

②木檩：按设计图示尺寸以体积"m^3"计算或按图示尺寸以长度"m"计算。

③木楼梯：按设计图示尺寸以水平投影面积"m^2"计算，不扣除宽度≤300 mm 的楼梯井，伸入墙内部分不计算。

木楼梯的栏杆（栏板）、扶手，应按现行国家标准《房屋建筑与装饰工程工程量计算规范》（GB 50854—2013）中附录 Q 的相关项目编码列项。

④其他木结构：按设计图示尺寸以体积"m^3"计算或按图示尺寸以长度"m"计算。

当其他木结构构件按设计图示尺寸以米计量时，项目特征必须描述构件规格尺寸。

（3）屋面木基层工程（编码 010703）　　屋面木基层工程按设计图示尺寸以斜面积"m^2"计算，不扣除房上烟囱、风帽底座、风道、小气窗、斜沟等所占面积。小气窗的出檐部分不增加面积。

计算方法如下：

方法一：通过勾股定理直接计算屋面木基层斜面积

方法二：斜屋面工程量 = 屋面水平投影面积 × 屋面坡度系数

$$屋面坡度系数 = \frac{1}{\cos \alpha}（已知水平面与斜面相交夹角 \alpha 时应用）$$

$$= \frac{\sqrt{B^2 + A^2}}{A}（已知矢跨比 B/2A 时应用）$$

式中　α——水平面与斜面相交的夹角；A——斜屋面跨径的一半长度；B——斜屋面矢高（屋面基层板最高点与基层板底边的高度值）。

【例 3.59】　某园林建筑如图 3.81 所示，请计算该建筑木结构工程清单工程量。

【解】

根据题意，该园林建筑木结构工程项目有木柱、木梁、木檩、屋面木基层。

（1）清单工程量计算规则：

①木柱按设计图示尺寸以体积"m^3"计算。

②木梁按设计图示尺寸以体积"m^3"计算。

③木檩按设计图示尺寸以体积"m^3"计算。

④屋面木基层按设计图示尺寸以斜面积"m^2"计算。

（2）清单工程量计算：

①项目编码：010702001001　　　　项目名称：木柱

$$V_{木柱} = \pi r^2 × 柱高 × 数量$$

$$= [3.14 \times 0.11^2 \times (3.805 - 2.7 - 0.22 - 0.11) \times 2] m^3$$
$$= 0.06 \ m^3$$

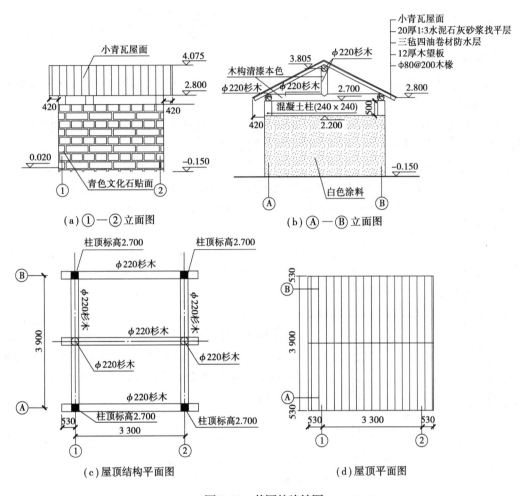

图 3.81　某园林建筑图

②项目编码:010702002001　　　　项目名称:木梁

$$V_{木梁} = \pi r^2 \times 梁长 \times 数量 = [3.14 \times 0.11^2 \times (3.9 - 0.22) \times 2] m^3 = 0.28 \ m^3$$

③项目编码:010702003001　　　　项目名称:木檩

$$V_{木檩} = \pi r^2 \times 梁长 \times 数量 = [3.14 \times 0.11^2 \times (3.3 + 0.53 \times 2) \times 3] m^3 = 0.50 \ m^3$$

④项目编码:010703001001　　　　项目名称:屋面木基层

方法一:利用勾股定理计算斜面积

$$S = \left[\sqrt{\left(\frac{3.9}{2} + 0.53 \right)^2 + (4.075 - 2.8)^2} \times (3.3 + 0.53 \times 2) \times 2 \right] m^3 = 24.32 \ m^3$$

方法二:斜屋面工程量 = 屋面水平投影面积 × 屋面坡度系数

$$屋面坡度系数 = \frac{\sqrt{B^2 + A^2}}{A} \ (已知矢跨比 \ B/2A \ 时应用)$$

式中　α——水平面与斜面相交的夹角;A——斜屋面跨径的一半长度;B——斜屋面矢高(屋面基层板最高点与基层板底边的高度值)。

由图得 $S_{\text{屋面水平投影面积}} = \left[(3.3 + 0.53 \times 2) \times (3.9 + 0.53 \times 2) \right] \text{m}^2 = 21.63 \text{ m}^2$，

$$A = \left[(3.9 + 0.53 \times 2) \div 2 \right] \text{m} = 2.48 \text{ m}, \quad B = (4.075 - 2.8) \text{m} = 1.275 \text{ m}$$

则 $S_{\text{屋面木基层}} = S_{\text{屋面水平投影面积}} \times \dfrac{\sqrt{A^2 + B^2}}{A} = 21.36 \times \dfrac{\sqrt{2.48^2 + 1.275^2}}{2.48} \text{m}^2 = 24.32 \text{ m}^2$

5）装饰工程

装饰工程包括楼地面装饰工程、墙柱面装饰与隔断幕墙工程、天棚工程、油漆涂料裱糊工程和其他装饰工程。

（1）楼地面装饰工程（编码:0111）　楼地面装饰工程包括整体面层及找平层、块料面层、其他材料面层、踢脚线、楼梯面层、台阶装饰、零星装饰项目。

楼地面垫层应按现行国家标准《房屋建筑与装饰工程工程量计算规范》（GB 50854—2013）中的相关项目编码列项（注意混凝土垫层和除混凝土外的其他材料垫层列项及计算的区别）。

①整体面层:整体面层包括水泥砂浆楼地面、现浇水磨石楼地面、细石混凝土楼地面、菱苦土楼地面及自流坪楼地面。

工程量计算规则:按设计图示尺寸以面积"m²"计算。扣除凸出地面构筑物、设备基础、室内铁道、地沟等所占面积，不扣除间壁墙及≤0.3 m² 柱、垛、附墙烟囱及孔洞所占面积。门洞、空圈、暖气包槽,壁龛的开口部分不增加面积。

间壁墙是指墙厚≤120 mm 的墙体。

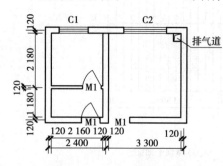

图3.82　某园林建筑平面图

【例3.60】　某园林建筑平面如图3.82所示,地面做现浇水磨石楼地面,已知排气道尺寸为500 mm × 500 mm,计算该现浇水磨石楼地面清单工程量。

【解】

（1）清单工程量计算规则:

整体面层按设计图示尺寸以面积计算。不扣除间壁墙及≤0.3 m² 孔洞所占面积,门洞开口部分不增加面积。

（2）清单工程量计算:

项目编码:011101002001　　　　项目名称:现浇水磨石楼地面

由图可知120 mm 宽墙体为间壁墙,排气道断面面积<0.3 m²,所占面积均不扣除,门洞开口位置不增加面积。

$S_{\text{现浇水磨石楼地面}} = \left[2.16 \times (2.18 + 1.18) + (3.3 - 0.24) \times (2.18 + 1.18) \right] \text{m}^2 = 17.54 \text{ m}^2$

②平面砂浆找平层:平面砂浆找平层只适用于仅做找平层的平面抹灰。橡塑面层、其他材料面层构造中如涉及找平层,应在该附录中"平面砂浆找平层"单独编码列项。

按设计图示尺寸以面积"m²"计算。

③块料面层、橡塑面层、其他材料面层:块料面层包括石材楼地面、碎石楼地面、块料楼地面。其中,石材楼地面主要指大理石、花岗石、人造石楼地面等;碎石楼地面主要指用石材边角废料所做楼地面装饰等;块料楼地面主要包括地砖、缸砖、锦砖楼地面等。

橡塑面层包括橡胶、塑料板材及卷材楼地面装饰。

其他材料面层包括地毯楼地面,竹、木(复合)地板,金属复合地板,防静电活动地板。

按设计图示尺寸以面积"m²"计算。门洞、空圈、壁龛的开口部分并入相应工程量内。

【例3.61】　某四方亭地面做花岗岩铺贴,如图3.83所示,计算该花岗岩楼地面清单工程量。

【解】

(1)清单工程量计算规则:

块料面层按设计图示尺寸以面积"m²"计算,门洞的开口部分并入相应工程量内。

(2)清单工程量计算:

项目编码:011102001001　　项目名称:花岗岩楼地面

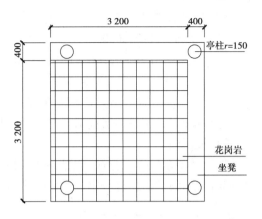

图3.83　方亭地面铺贴平面图

$$V_{花岗岩楼地面} = 长 \times 宽 - 亭柱所占面积 = (3.2 \times 3.2 - 3.14 \times 0.15^2)\, m^2 = 10.17\ m^2$$

【例3.62】　某园林建筑如图3.82所示,地面做块料装饰(包括门洞开口位置),其构造层次为100厚C10混凝土垫层,20厚1:3水泥砂浆(中砂)找平,25厚1:2.5水泥砂浆(中砂)粘合层,300 mm×300 mm地砖面层水泥砂浆擦缝。已知门洞尺寸均为800 mm×2 100 mm,排气道尺寸为500 mm×500 mm,计算该楼地面工程清单工程量。

【解】

该楼地面装饰工程清单项目包括垫层和块料楼地面。

(1)清单工程量计算规则:

①垫层按设计图示尺寸以体积计算。

②块料面层按设计图示尺寸以面积"m²"计算,门洞的开口部分并入相应工程量内。

(2)清单工程量计算:

①项目编码:011102003001　　项目名称:块料楼地面

由图及计算规则知间壁墙及排气道所占面积均需扣除,门洞开口位置均要并入工程量计算。

$$S_{块料楼地面} = (2.16 + 3.3 - 0.24) \times (1.18 + 2.18) - (2.16 - 0.8) \times$$
$$0.12 + 0.24 \times 0.8 \times 2 - 0.5 \times 0.5 = 17.51\ m^2$$

②项目编码:010501001001　　项目名称:楼地面垫层

$$V_{楼地面垫层} = S_{垫层面积} \times 厚度 = S_{块料楼地面} \times 厚度 = 17.51 \times 0.1 = 1.75\ m^3$$

④踢脚线:踢脚线包括各种材质踢脚线装饰,如水泥砂浆、石材、块料、塑料、木质、金属、防静电踢脚线。

工程量计算规则:以㎡计量,按设计图示长度乘高度以面积计算;以m计量,按延长米计算。各地区应根据实际情况和相关规定选择一种计量方式进行工程量计算。

【例3.63】　某园林建筑如图3.82所示,踢脚线为瓷砖踢脚线,高120 mm,已知门洞尺寸均为800 mm×2 100 mm,门洞侧壁不做踢脚线。以"m²"为计量单位,计算该踢脚线清单工程量。

【解】

(1)清单工程量计算规则:

踢脚线按设计图示长度乘高度以面积计算。

（2）清单工程量计算：

项目编码：011105003001　　　项目名称：块料踢脚线

$$L = \left[(2.16 + 1.18 - 0.06) \times 2 + (2.16 + 2.18 - 0.06) \times 2 + \right.$$
$$\left. (3.3 - 0.24 + 2.18 + 1.18) \times 2 - 0.8 \times 4\right] m = 24.76 \ m$$
$$S_{踢脚线} = L \times 0.12 = (24.76 \times 0.12) m^2 = 2.97 \ m^2$$

⑤楼梯面层：楼梯面层包括石材、块料、拼碎块料、水泥砂浆、现浇水磨石、地毯、木板、橡胶板、塑料板面层。

按设计图示尺寸以楼梯（包括踏步、休息平台及≤500 mm 的楼梯井）水平投影面积计算。楼梯与楼地面相连时，算至梯口梁内侧边沿；无梯口梁者，算至最上一层踏步边沿加 300 mm。

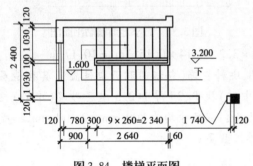

图 3.84　楼梯平面图

【例 3.64】　如图 3.84 所示为某园林建筑楼梯平面图，已知该楼梯无梯口梁，楼梯面层做水泥砂浆抹面，计算楼梯面层装饰清单工程量。

【解】

（1）清单工程量计算规则：

按设计图示尺寸以楼梯（包括踏步、休息平台及≤500 mm 的楼梯井）水平投影面积计算，无梯口梁者，算至最上一层踏步边沿加 300 mm。

（2）清单工程量计算：

项目编码：011106004001　　　项目名称：水泥砂浆楼梯面层

由题意知，楼梯无梯梁，应算至最上一层踏步边沿加 300 mm，楼梯井宽度 100 mm，不应扣除。

$$S_{楼梯面层装饰} = 水平投影长 \times 水平投影宽$$
$$= \left[(2.4 - 0.24) \times (0.78 + 2.64 + 0.3)\right] m^2 = 8.04 \ m^2$$

⑥台阶装饰：台阶装饰包括石材、块料、拼碎、水泥砂浆、现浇水磨石、剁假石台阶面。

按设计图示尺寸以台阶（包括最上一层踏步边沿加 300 mm）水平投影面积计算。

【例 3.65】　某方亭台阶平面如图 3.85 所示，台阶面层做 30 厚毛面花岗石装饰，计算该台阶面层装饰清单工程量。

【解】

（1）清单工程量计算规则：

按设计图示尺寸以台阶（包括最上一层踏步边沿加 300 mm）水平投影面积计算。

（2）清单工程量计算：

项目编码：011107001001

项目名称：石材台阶面

该工程有两处台阶，计算一处乘以 2 即可。

$$S_{石材台阶面} = 水平投影长 \times 水平投影宽 \times 2$$
$$= \left[(1.5 + 1.5) \times (0.3 \times 2 + 0.3) \times 2\right] m^2 = 5.40 \ m^2$$

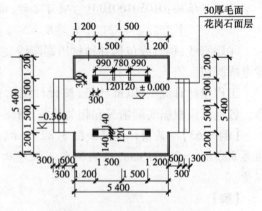

图 3.85　方亭平面示意图

⑦零星装饰项目：零星装饰项目是指楼梯、

台阶牵边和侧面镶贴块料面层,不大于 0.5 m² 的少量分散的楼地面镶贴块料面层。

按设计图示尺寸以面积"m²"计算。

(2)墙、柱面装饰与隔断、幕墙工程(编码:0112) 墙、柱面装饰与隔断幕墙工程包括墙面抹灰、柱(梁)面抹灰、零星抹灰、墙面块料面层、柱(梁)面镶贴块料、镶贴零星块料、墙饰面、柱(梁)饰面、幕墙工程、隔断。

①墙面抹灰:墙面抹灰包括墙面一般抹灰、装饰抹灰、勾缝以及立面砂浆找平层。其中,墙面一般抹灰是指墙面抹石灰砂浆、水泥砂浆、混合砂浆、聚合物水泥砂浆、麻刀石灰浆、石膏灰浆等;墙面装饰抹灰主要包括水刷石、斩假石、干粘石、假面砖等。立面砂浆找平层是指仅做找层的立面抹灰,装饰板墙面构造层次中若有抹灰,应在此处编码列项。

按设计图示尺寸以面积"m²"计算。扣除墙裙、门窗洞口及单个 >0.3 m² 的孔洞面积,不扣除踢脚线、挂镜线和墙与构件交接处的面积,门窗洞口和孔洞的侧壁及顶面不增加面积。附墙柱、梁、垛、烟囱侧壁并入相应的墙面面积内。

计算方法如下:

a.外墙抹灰:按外墙垂直投影面积计算。

b.外墙墙裙抹灰:按长度乘以高度计算。

c.内墙抹灰按主墙间净长度乘以高度计算。其计算公式为:

$$S_{内墙抹灰} = L_{内墙} \times h_{内墙} - S_{扣} + S_{并入}$$

式中 $S_{内墙抹灰}$——内墙抹灰面积;$L_{内墙}$——内墙长度,按主墙间净长度计算;$h_{内墙}$——内墙抹灰高度;$S_{扣}$——应扣除的面积,包括门窗洞口及单个 >0.3 m² 孔洞面积;$S_{并入}$——应并入的面积,包括附墙柱、梁、垛、烟囱侧壁面积。

其中,$h_{内墙}$ 的确定方式如下:

无墙裙时,高度按室内楼地面至天棚底面计算。

有墙裙时,高度按墙裙顶至天棚底计算。如墙裙为不规则形状,则按其最高点计算。

有吊顶天棚,高度算至天棚底。

【例3.66】 某园林建筑平面如图3.82所示,该建筑内墙做水泥砂浆抹面,已知该建筑室内地坪标高为 ±0.000,屋面板顶标高为 +3.600 m,屋面板厚100 mm,天棚吊顶底面最低处标高为 +3.100 m,隔墙厚为120 mm,墙脚做踢脚线,高120 mm。M1 尺寸为 800 mm×2 100 mm,C1 尺寸为 1 500 mm×1 800 mm,C2 尺寸为 1 800 mm×1 800 mm。计算该园林建筑内墙抹灰清单工程量。

【解】

(1)清单工程量计算规则:

内墙抹灰按设计图示尺寸以面积"m²"计算,扣除门窗洞口面积,不扣除踢脚线面积,门窗洞口的侧壁及顶面不增加面积。无墙裙时,抹灰高度按室内楼地面至天棚底面计算。

(2)清单工程量计算:

项目编码:011201001001   项目名称:墙面一般抹灰

$$S_{内墙抹灰} = L_{内墙} \times h_{内墙} - S_{扣} + S_{并入}$$

由题意可得 $h_{内墙} = 3.1$ m

$$L_{内墙} = [(2.16 + 1.18 - 0.06) \times 2 + (2.16 + 2.18 - 0.06) \times 2 +$$
$$(3.3 - 0.24 + 1.18 + 2.18) \times 2] \text{m} = 27.96 \text{ m}$$

所以 $S_{内墙抹灰} = (27.96 \times 3.1 - 0.8 \times 2.1 \times 4 - 1.5 \times 1.8 - 1.8 \times 1.8) \text{m}^2 = 74.01 \text{ m}^2$

②柱(梁)面抹灰:柱(梁)面抹灰包括柱面一般抹灰、装饰抹灰、柱梁面砂浆找平和柱面勾缝。柱梁面找平是指仅做找平层的柱梁面抹灰,如柱梁饰面有抹灰做法,其抹灰构造层在此处编码列项。

按设计图尺寸以柱(梁)断面周长乘以柱高(梁长)以面积计算。

③零星抹灰:零星抹灰是指墙、柱、梁面 $\leq 0.5 \text{ m}^2$ 少量分散的抹灰项目。包括零星项目一般抹灰、装饰抹灰及砂浆找平。

按设计图示尺寸以面积计算。

以上墙、柱、梁、零星抹灰项目工程量计算均不包括抹灰厚度,按结构尺寸计算。

④墙面块料面层、柱(梁)面镶贴块料、镶贴零星块料:块料镶贴项目包括石材、拼碎石材、块料镶贴装饰。镶贴零星块料指墙柱面 $\leq 0.5 \text{ m}^2$ 的少量分散的镶贴块料项目。

按镶贴表面积计算,即工程量均包括镶贴厚度,按镶贴表面尺寸计算。

【例3.67】 两个钢筋混凝土柱,断面结构尺寸都为 600 mm×600 mm,柱高为6 m,分别做抹灰和砂浆粘贴面砖装饰。其中抹灰柱面做法为15 mm厚1:2水泥砂浆抹面,镶贴做法为8厚1:2.5水泥砂浆结合层,15 mm厚面层贴面。分别计算柱面抹灰及镶贴块料清单工程量。

【解】

(1)清单工程量计算规则:

①柱面抹灰按设计图示柱断面周长乘高度以面积计算。

②柱面镶贴块料按镶贴表面积计算。

(2)清单工程量计算:

①项目编码:011202001001　　　　项目名称:柱面抹灰

抹灰按结构尺寸计算,不计算抹灰厚度。

$$S_{柱面抹灰} = (0.6 \times 4 \times 6) \text{m}^2 = 14.40 \text{ m}^2$$

②项目编码:011205002001　　　　项目名称:块料柱面

镶贴块料按镶贴表面积计算,须计算镶贴厚度。

$$S_{块料柱面} = [0.6 + (0.015 + 0.008) \times 2] \times 4 \times 6 \text{ m}^2 = 15.50 \text{ m}^2$$

⑤墙饰面:墙饰面包括墙面装饰板和墙面装饰浮雕。

墙面装饰板按设计图示墙净长乘以净高以面积"m^2"计算。扣除门窗洞口及单个 $>0.3 \text{ m}^2$ 孔洞所占面积。墙面装饰浮雕按设计图示尺寸以面积"m^2"计算。

⑥柱梁饰面,按设计图示饰面外围尺寸以面积"m^2"计算。柱帽、柱墩并入相应柱饰面工程量内。如方柱包圆,应按饰面外围尺寸以圆柱面积计算。

⑦成品装饰柱:按根计量,按设计数量计算,或以米计量按设计长度计算。

⑧幕墙工程:带骨架幕墙按设计图示框外围尺寸以面积计算,与幕墙同种材质的窗所占面积不扣除。全玻(无框玻璃)幕墙,按设计图示尺寸以面积计算。带肋全玻幕墙按展开面积计算。单位:m^2。

⑨隔断:隔断包括木隔断、金属隔断、玻璃隔断、塑料隔断、成品隔断、其他隔断。按设计图示以框外围尺寸以面积"m^2"计算,不扣除单个 $\leq 0.3 \text{ m}^2$ 的孔洞所占面积。其中,成品隔断还可以以间计量,按设计间的数量计算。

(3)天棚工程(编码:0113) 天棚工程包括天棚抹灰、天棚吊顶、采光天棚及天棚的其他装饰。

①天棚抹灰:按设计图示尺寸以水平投影面积。不扣除间壁墙、垛、柱、附墙烟囱、检查口和管道所占的面积,带梁天棚梁两侧抹灰面积并入天棚面积内。板式楼梯底面抹灰按斜面积计算,锯齿形楼梯底面抹灰按展开面积计算。

楼梯底面抹灰装饰应在按天棚抹灰编码列项。

【例3.68】 某园林建筑平面如图3.82所示,间壁墙上方有梁,断面240 mm×300 mm,板厚100 mm,该天棚面层抹水泥砂浆,计算天棚抹灰清单工程量。

【解】

(1)清单工程量计算规则:

天棚抹灰按设计图示尺寸以水平投影面积。不扣除间壁墙、管道所占的面积,带梁天棚梁长抹灰面积并入天棚面积内。

(2)清单工程量计算:

项目编码:011301001001　　　　项目名称:天棚抹灰

$$S_{天棚抹灰} = 天棚水平投影面积 + 梁两侧抹灰面积$$
$$= [(2.16 + 3.3 - 0.24) \times (2.18 + 1.18) + 2.16 \times (0.3 - 0.1) \times 2] m^2$$
$$= 18.40 \ m^2$$

②天棚吊顶:天棚吊顶包括吊顶天棚和格栅吊顶、吊筒吊顶、藤条造型悬挂吊顶、织物软雕吊顶和装饰网架吊顶。

吊顶天棚按设计图示尺寸以水平投影面积计算。天棚中的灯槽及跌级、锯齿形、吊挂式、藻井式天棚面积不展开计算。不扣除间壁墙、检查口、附墙烟囱、柱垛和管道所占面积,扣除单个 >0.3 m² 的孔洞、独立柱及与天棚相连的窗帘盒所占的面积。

格栅吊顶、吊筒吊顶、藤条造型悬挂吊顶、织物软雕吊顶和装饰网架吊顶按设计图示尺寸以水平投影面积计算。

【例3.69】 某园林建筑平面如图3.82所示,已知该建筑做铝合金方板跌级吊顶装饰,计算该天棚吊顶清单工程量。

【解】

(1)清单工程量计算规则:

吊顶天棚按设计图示尺寸以水平投影面积计算,天棚中的跌级面积不展开计算,不扣除间壁墙所占面积,扣除单个 >0.3 m² 的孔洞占的面积。

(2)清单工程量计算:

项目编码:011302001001　　　　项目名称:吊顶天棚

该天棚为跌级吊顶,按计算规则跌级吊顶不展开计算,计算天棚水平投影面积即可;吊顶天棚不扣除间壁墙和≤0.3m² 孔洞面积,即不扣除排气道所占面积。

$$S_{吊顶天棚} = [(2.16 + 3.3 - 0.24) \times (2.18 + 1.18)] m^2 = 17.54 \ m^2$$

③采光天棚:按框外围展开面积计算。

④天棚其他装饰:灯带(槽)按设计图示尺寸以框外围尺寸以面积(m²)计算。天棚工程中的灯槽是指嵌入天棚中,作为天棚一个组成部分的灯槽。

送风口、回风口按设计图示尺寸以数量(个)计算。

(4)油漆涂料裱糊工程(编码:0114) 油漆涂料裱糊工程包括门窗油漆,木扶手及其他板条油漆,木材面、金属面、抹灰面油漆、喷刷涂料、裱糊。

①门窗油漆:以樘计量,按设计图示数量计量;或以 m² 计量,按设计图示洞口尺寸以面积计算。

②木扶手及其他板条、线条油漆:包括木扶手、窗帘盒、封檐板、顺水板、单独木线条油漆等。按设计图示尺寸以长度计算。

③木材面油漆:按设计图示尺寸以面积计算。其中,木间壁、木隔断、木栅栏、木栏杆油漆按设计图示尺寸以单面外围面积计算。

④金属面油漆:以 t 计量,按设计图示尺寸以质量计算;或者 m² 计量,按设计展开面积计算。

⑤抹灰面油漆:包括抹灰面油漆、抹灰线条油漆和满刮腻子。

• 抹灰面油漆:按设计图示尺寸面积计算。

• 抹灰线条油漆:按设计图图示尺寸以长度计算。

• 满刮腻子:按设计图示尺寸以面积计算。

⑥喷刷涂料:

墙面、天棚喷刷涂料按设计图尺寸以面积计算。

空花格、栏杆刷油漆按设计图示尺寸以面外围面积计算。

线条刷涂料按设计图示尺寸以长度计算。

金属构件刷防火涂料按 t 或按设计图示展开面积以 m² 计算。

木构件喷刷防火涂料按 m² 计量,按设计图示尺寸以面积计算。

⑦墙纸裱糊、织锦缎裱糊:按设计图示尺寸以面积计算。

【例 3.70】 某园林建筑如图 3.82 所示,内墙面抹灰刷白色乳胶漆至天棚吊顶底面,窗洞和门洞侧壁及顶面不做乳胶漆,已知该园林建筑该建筑室内地坪标高为 ±0.000,屋面板顶标高为 +3.600 m,屋面板厚100 mm,天棚吊顶底面最低处标高为 +3.100 0 m,隔墙厚为120 mm,墙脚做踢脚线,高120 mm。M1 尺寸为 800 mm×2 100 mm,C1 尺寸为 1 500 mm×1 800 mm,C2尺寸为 1 800 mm×1 800 mm。计算该园林建筑内墙刷乳胶漆清单工程量。

【解】

(1)清单工程量计算规则:

抹灰面油漆按设计图示尺寸面积计算。

(2)清单工程量计算:

项目编码:011406001001　　　　　项目名称:抹灰面油漆

$$L_{抹灰面油漆长度} = \big[(2.16 + 1.118 - 0.06) \times 2 + (2.16 + 2.18 - 0.06) \times 2 +$$
$$(3.3 - 0.24 + 1.18 + 2.18) \times 2\big] m = 27.96 \ m$$

$$h_{抹灰面油漆高度} = (3.1 - 0.12) m = 2.98 \ m$$

$$S_{门窗洞口面积} = (0.8 \times 2.1 \times 4 + 1.5 \times 1.8 + 1.8 \times 1.8) m^2 = 12.66 \ m^2$$

所以
$$S_{抹灰面油漆} = L_{抹灰面油漆长度} \times h_{抹灰面油漆高度} - S_{门窗洞口面积}$$
$$= (27.96 \times 2.98 - 12.66) m^2$$
$$= 70.66 \ m^2$$

(5)其他装饰工程(编码:0115)

①压条、装饰线:按设计图示尺寸以长度计算。

②扶手、栏杆、栏板:按设计图示尺寸以扶手中心线长度(包括弯头长度)计算。

③雨篷、旗杆:雨篷吊挂饰面按设计图示尺寸以水平投影面积计算;金属旗杆按设计图示尺寸以数量(根)计算;玻璃雨篷按设计图示尺寸以水平投影面积计算。

④招牌、灯箱:平面、箱式招牌:按设计图示尺寸以正立面边框外围面积计算,复杂形的凹凸造型部分不增加面积;竖式标箱、灯箱、信报箱按设计图示尺寸以数量(个)计算。

⑤美术字:按设计图示数量(个)计算。

3.4　工程量清单编制

3.4 微课

工程量清单是载明建设工程的分部分项工程项目、措施项目、其他项目名称和相应数量,以及规费项目、税金项目等内容的明细清单。

工程量清单应由具有编制招标文件能力的招标人,或受其委托具有相应资质的中介机构(造价咨询机构或招标代理机构)进行编制。

工程量清单是招标文件的组成部分。

3.4.1　工程量清单的内容

工程量清单应按《建设工程工程量清单计价规范》统一要求的格式进行编制。工程量清单由封面、总说明、分部分项工程量清单、措施项目清单(单价措施项目清单、总价措施项目清单)、其他项目清单、规费和税金项目清单等组成(图3.86)。

3.4.2　工程量清单编制依据

1)工程量清单计量与计价规范

工程量清单必须根据工程量清单计量与计价规范编制。如现行国家标准《建设工程工程量清单计价规范》(GB 50500—2013)(参见附录1)、《园林工程工程量计算规范》(GB 50858—2013)(参见附录2)、《房屋建筑与装饰工程工程量计算规范》(GB 50854—2013)(参见附录3)。

2)工程施工图纸

工程施工图纸包括设计单位设计的工程施工图纸,以及施工图纸所涉及的相应标准图集。

3)施工组织设计或施工方案

依据施工组织设计或施工方案编制措施项目清单。一般情况下在编制工程量清单时没有施工组织设计或施工方案,只能按常规考虑各项措施项目。

4)招标人的要求

招标人是否有甲方供应材料和对工程分包的要求,工程量清单中应反映这些内容。

工程量清单组成
- 工程量清单封面
  - 工程名称
  - 招标人名称、法定代表人
  - 造价咨询机构、法定代表人
  - 造价工程师及其注册证号
  - 编制时间、复核时间
- 总说明
  - 工程概况
  - 工程量清单编制依据
  - 工程招标和分包范围
  - 工程质量、材料、施工等特殊要求
  - 招标人自行采购材料的名称、规格型号、数量等
  - 其他需要说明的问题
- 分部分项工程量清单
  - 项目编码
  - 项目名称
  - 项目特征
  - 计量单位
  - 工程量
- 措施项目清单
  - 单价措施项目清单
    - 脚手架
    - 垂直运输机械
    - 混凝土模板及支架
    - 树木支撑架
    - 草绳绕树干
    - 搭设遮阴（防寒）棚
    - 围堰、排水
  - 总价措施项目清单
    - 安全文明施工费
      - 环境保护费
      - 文明施工费
      - 安全施工费
      - 临时设施费
    - 二次搬运费
    - 冬雨季施工增加
    - 已完工程及设备保护
- 其他项目清单
  - 暂列金额
  - 暂估价
    - 材料暂估价
    - 专业工程暂估价
  - 计日工
  - 总承包服务费
- 规费项目清单
  - 社会保障费
    - 养老保险
    - 医疗保险
    - 失业保险
    - 工伤保险
    - 生育保险
  - 住房公积金
  - 工程排污费
- 税金项目清单（销项增值税、城市建设维护税、教育费附加、地方教育费附加）

图 3.86　工程量清单组成图

3.4.3 工程量清单编制步骤

工程量清单编制步骤是:计算清单工程量→编制工程量清单。

1)计算清单工程量

在工程实践中,围绕施工图纸等相关资料,将按照计量规范的计算规则计算出的工程量称为清单工程量;将按照定额中的计算规则计算出的工程量称为定额工程量。两者或有不同,详见4.1.2综合单价的确定中"重新计算工程量组价"。而工程量清单表格(表3.19)中填写的工程量都为清单工程量,即都是按计量规范的计算规则计算出的工程量。

清单工程量计算的基本知识和基本方法详见本章第三节园林工程工程量计算,计算实例如表3.17所示。

2)编制工程量清单

根据清单工程量计算结果(表3.17)以及相关资料编制工程量清单,其步骤如下:编制分部分项工程量清单→编制措施项目清单→编制其他项目清单→编制规费、税金项目清单→填写总说明→填写封面。以下仅表述工程量清单的编制方法,具体每个部分的定义见1.2.2。

(1)编制分部分项工程量清单　分部分项工程量清单包括序号、项目编码、项目名称、计量单位、工程量五部分内容(注:这里的工程量为"清单工程量")。

编制分部分项工程量清单应注意以下三个方面:

①工程量应力求准确,以防止投标报价的投机。

②分部分项工程量清单应遵守"四统一"原则编制:

分部分项工程量清单的编制,应按计量计价规范的格式,满足统一项目名称、统一项目编码、统一计量单位和统一工程量计算规则的"四统一"要求。

③分部分项工程量清单应认真描述工程的项目特征和工作内容。

分部分项工程量清单格式(即表格要求),除应满足"四统一"的原则外,还应注意在"项目名称"中写明项目特征和工作内容。项目特征和工作内容应根据施工图纸等资料,按计量计价规范的要求描述。

(2)编制措施项目清单　措施项目清单根据具体的施工图纸,按计量计价规范中措施项目清单的内容编制列项。措施项目清单包括单价措施项目清单和总价措施项目清单两个部分。

①单价措施项目清单:园林工程单价措施项目清单包括以下项目。

a. 脚手架费。

b. 垂直运输机械费。

c. 混凝土、钢筋混凝土模板及支架费。

d. 树木支撑架。

e. 草绳绕树干。

f. 搭设遮阴(防寒)棚。

g. 施工排水、降水费。

h. 围堰、排水。

②总价措施项目清单:总价措施项目清单包括以下项目。

a. 安全文明施工费(包括:环境保护费、文明施工费、安全施工费、临时设施费)。

b. 夜间施工费增加费。

c. 二次搬运费。

d. 冬雨季施工费。

e. 已完工程及设备保护费。

f. 工程定位复测费。

(3)编制其他项目清单　其他项目费是招标过程中出现的费用,在编制标底或投标报价时计算,应根据拟建工程的具体情况列项。在竣工结算时没有其他项目费,因为这些费用将分散计入相关费用中。主要内容包括暂列金额、暂估价、计日工和总承包服务费4个部分。

①暂列金额:即预留金,清单中应列出暂列金额明细表,暂列金额明细表的内容包括序号、项目名称、计量单位、暂定金额和备注等内容(表3.23)。计价规范规定按分部分项工程费的10% ~15%计算,有的地区规定按总造价的5%计算。在工程实践中,暂列金额的计算费率,由招标人根据工程的具体实际情况确定。本例中以10%计算(表3.23)。

②暂估价:包括材料暂估价和专业工程暂估价两个部分。

a. 材料暂估价:当编制招标控制价或投标报价时,部分材料单价无法确定,招标人应根据工程具体情况列出材料暂估单价表。材料暂估价表的内容包括序号、材料名称、规格、型号、计量单位、单价、备注等内容。

材料暂估价表中的材料单价由招标人在工程量清单中直接给出,要求投标人在投标报价时按该表中所列出的材料单价计入分部分项工程费,结算时这些材料根据实际单价调整结算时的"分部分项工程费"(表3.24)。

b. 专业工程暂估价:是指需要单独资质的工程项目(参见第1章相关内容),实行专业工程暂估,这些项目由招标人另行分包。投标人在投标报价时按该价计入报价中。

应根据工程具体情况列出专业工程暂估价表,专业暂估价表的内容包括序号、工程名称、工作内容、工程数量、工程单价、金额等内容(表3.25)。

①计日工:指施工过程中应招标人要求而发生的,不是以实物计量和定价的零星项目所发生的费用。应根据工程具体情况列出计日工表,具体包括项目名称、单位、暂定数量、综合单价、合价等内容(表3.26)。

②总承包服务费:指投标人配合协调招标人分包工程和招标人采购材料(即"甲供材料")所发生的费用。包括招标人发包专业工程服务费和甲供材料服务费两个部分,费用计算方法见第4章。

根据工程具体情况列出总承包服务费计价表,总承包服务费计价表包括序号、项目名称、项目价值、服务内容、费率、金额等内容。

(4)编制规费清单

①社会保障费(包括养老保险费、失业保险费、医疗保险费、工伤保险费、生育保险费)。

②住房公积金。

③工程排污费。

(5)编制税金项目清单　税金项目清单内容包括:销项增值税、城市维护建设税、教育费附加、地方教育费附加。

（6）填写总说明　工程量清单的总说明包括以下内容。

①工程概况：建设规模、工程特征、计划工期、施工现场实际情况、交通运输情况、自然地理条件、环境保护要求等。

②工程量清单编制依据：包括施工图纸及相应的标准图、图纸答疑或图纸会审纪要、地质勘探资料、计价规范等。

③工程质量、材料、施工等的特殊要求：工程质量应达到"合格"，对某些材料使用的要求（为使工程质量具有可靠保证，如有的工程要求使用大厂钢材、大厂水泥）、施工时不影响环境等。

④材料暂估价：材料暂估价在招标文件中给出"材料暂估价表"，以便于办理工程竣工结算时根据双方确定的单价进行调整，计入竣工结算造价。

⑤专业工程暂估价。

⑥其他需要说明的问题：有则写出，没有则可不写。

（7）填写封面　工程量清单封面的内容包括工程名称、招标人名称及其法定代表人、中介机构名称及其法定代表人、造价工程师及其注册证号、编制日期等。

3.4.4　工程量清单编制实例

为便于理解和掌握工程量清单编制的基本知识和基本方法，下面以"××住宅庭院园林工程"为例，介绍工程量清单编制。

该住宅庭院园林工程项目位于四川省成都市，总设计面积 558.34 m²。庭院用地红线内园林景观及附属工程包括步行道、铺装、汀步、景墙、水景、钓鱼亭、花架、雕塑、菜地种植池、植物。施工现场交通运输方便，周围环境保护无特殊要求。

1）计算工程量

根据××建筑设计研究院设计的××住宅庭院园林工程全套施工图（附录1）以及计量计价规范，计算园林工程的全部工程量。计算结果见"清单工程量计算表"，如表3.17所示。

2）工程量清单编制

根据"清单工程量计算表"（表3.17）、计量计价规范以及下列资料，编制××住宅庭院园林工程的工程量清单。

（1）相关资料

①工程招标范围。

②工程质量、材料、施工等特殊要求。

③暂列金额按分部分项工程费的10%考虑，计入其他项目清单。

④部分材料实行材料暂估价，具体内容详见表3.24。

⑤分部分项工程量清单如表3.19所示。

为了便于学习，将按照计量规范的工程量计算规则计算的清单工程量的计算过程罗列出来（表3.17），然后将计算结果填入分部分项工程量（表3.19）与单价措施项目清单（表3.20）。需要说明的是，本书中分部分项工程量清单的顺序是按照图纸中分部工程的绘图顺序来排列的。在工程实践中，分部分项工程量清单的顺序，应该按照计价规范中项目编码的顺序排列，而不是按照工程量计算表的顺序排列。

项目名称应包括项目特征,项目特征应根据计价规范的规定和工程的具体情况描述。

⑥措施项目清单

措施项目清单包括"总价措施项目清单"(表3.21)和"单价措施项目清单"(表3.20)。

⑦其他项目清单

其他项目清单(表3.22)对应的表格有暂列金额明细表(表3.23)、材料暂估价表(表3.24)、专业暂估价表(表3.25)、计日工表(表3.26)。

⑧规费项目清单

如表3.27所示。

(2)工程量清单编制实例

①封面详见后。

②总说明如表3.18所示。

表 3.17 清单工程量计算表

序号	项目编码	项目名称	项目特征	计量单位	工程量	工程量计算式
一		绿地整理				
1	050101010001	整理绿化用地	1. 回填土质要求：原土回填	m²	558.34	
二		栽植花木				
2	050102003001	栽植凤尾竹	H3 m，1 m²/丛，根盘丛径 30 cm	丛	37	
3	050102001001	栽植红皮云杉	Φ50 cm，H12 m，土球直径 400 cm	株	1	
4	050102001002	栽植国槐	Φ10 cm，H7 m，土球直径 80 cm	株	5	
5	050102001003	栽植合欢	Φ16 cm，H4 m，土球直径 128 cm	株	6	
6	050102001004	栽植大叶女贞	Φ8 cm，H2.5 m，土球直径 64 cm	株	7	
7	050102002001	栽植小叶黄杨	P40 cm，H80 cm，20 株/ m²，土球直径 13 cm	m²	13.53	
8	050102002002	栽植金叶女贞	P30 cm，H60 cm，25 株/ m²，土球直径 10 cm	m²	16.89	
9	050102002003	栽植红花檵木	P40 cm，H100 cm，25 株/ m²，土球直径 13 cm	m²	8.72	
10	050102002004	栽植紫叶小檗	P25 cm，H40 cm，20 株/ m²，土球直径 8 cm	m²	43.75	
11	050102008001	栽植瓜叶菊	H25 cm，300 株/ m²	m²	20.25	
12	050102008002	栽植芍药	H40 cm，15 株/ m²	m²	22.75	
13	050102012001	铺种四季青草皮	铺种草皮，满铺	m²	208.78	场地总面积 − 硬景地面积 − 铺面面积 − 竹类面积 − 灌木面积（558.34 − 82.53 − 104.14 − 37 −125.89）

续表

序号	项目编码	项目名称	项目特征	计量单位	工程量	工程量计算式
三		园路工程				
14	050201001001	园路-步行道	1. 路床土石类别:三类土 2. 垫层厚度、宽度、材料种类:50 mm 厚 C15 混凝土垫层,150 mm 厚 3:7灰土垫层 3. 路面厚度、宽度、材料种类:100 mm 厚,1 200 mm 宽,标砖	m²	92.16	76.8×1.2=92.16
15	050201001002	园路-铺装 1	1. 路床土石类别:三类土 2. 垫层厚度、宽度、材料种类:50 mm 厚 C15 混凝土垫层,100 mm 厚 C15 混凝土垫层 3. 路面厚度、宽度、材料种类:80 mm 厚,瓷质砖 4. 砂浆强度等级:1:3水泥砂浆	m²	3.44	2×2−0.75×0.75=3.44
16	050201001003	园路-铺装 2	1. 路床土石类别:三类土 2. 垫层厚度、宽度、材料种类:50 mm 厚 C15 混凝土垫层 3. 路面厚度、宽度、材料种类:60 mm 厚,水泥广场砖 4. 砂浆强度等级:1:3水泥砂浆	m²	3.8	2×0.85+2×1.05=3.8
17	050201013001	石汀步 1	1. 石料种类、规格:400 mm×800 mm×100 mm 青石板	m³	0.32	0.8×0.4×0.1×10=0.32
18	050201013002	石汀步 2	1. 石料种类、规格:600 mm×300 mm×100 mm 青石板	m³	0.11	0.6×0.3×0.1×6=0.11

序号	项目编码	项目名称	项目特征	单位	工程量	计算式
19	010501001001	混凝土垫层—汀步1、2	1.混凝土种类：商品混凝土 2.混凝土强度等级：C15	m³	0.64	$0.8×0.4×0.15×10+0.6×0.3×0.15×6=0.64$
20	011101006003	平面砂浆找平层—20 mm	1.找平层厚度：20 mm 2.砂浆配合比：1:3水泥砂浆	m²	4.28	$0.8×0.4×10+0.6×0.3×6=4.28$
四		景墙				
21	010103001001	土方回填	1.密实度要求：夯填 2.填方来源运距：原土回填，100 m	m³	0.64	$V_{碎石垫层}=0.18×5×0.6=0.54$ $V_{混凝土垫层}=0.15×5×0.4=0.3$ $V_{景墙地下部分}=0.115×5×0.2=0.115$ $V_{回填方}=1.59-0.54-0.3-0.115=0.64$
22	010103002001	余方弃置	1.弃土运距：8 km	m³	0.95	$1.59-0.64=0.95$
23	050307010001	景墙	1.土质类别：三类土 2.垫层材料种类：180 mm厚碎石垫层，150 mm厚C15混凝土垫层 3.基础材料种类、规格：C30特细砂混凝土 4.墙体材料种类规格：C30特细砂混凝土 5.墙体厚度：115 mm 6.砂浆强度等级、配合比：1:2水泥砂浆 7.饰面材料种类：灰色面砖	m³	6.81	$[5×0.1+0.25×2.1×2+0.3×1.7×4+0.3×1.2×2+2×2.35-1.2×1.7-(0.9+1.2)×0.15÷2]×0.115=6.81$
24	011102001001	石材楼地面—压顶	1.面层材料种类，规格：300 mm×240 mm×50 mm芝麻白烧毛面花岗石	m²	1.20	$(0.35×2+1.2×2+2.1)×0.24=1.2$

续表

序号	项目编码	项目名称	项目特征	计量单位	工程量	工程量计算式
五		水池1				
25	01010101004001	挖基坑土方	1.土壤类别:三类土 2.挖土深度:0.25 m 3.弃土运距:100 m	m³	2.31	$[(2+0.11\times2+0.3\times2)\times(1.18+0.11\times2+0.3\times2)]\times0.3\times2)+2\times(0.98+0.11\times2+0.3\times2)]\times0.25=2.31$
26	01010103001002	土方回填	1.密实度要求:夯填 2.填方来源运距:原土回填,100 m	m³	1.05	$2.31-0.83-0.1\times(2\times1.18+2\times0.98)=1.05$
27	01010103002002	余方弃置	1.弃土运距:8 km	m³	1.26	$2.31-1.05=1.26$
28	01050101001002	混凝土垫层	1.混凝土种类:商品混凝土 2.混凝土强度等级:C15	m³	0.83	$[(2+0.11\times2)\times(1.18+0.11\times2)+2\times(0.98+0.11\times2)]\times0.15=0.83$
29	010401012001	零星砌砖	1.零星砌砖名称、部位:水池 2.砖品种、规格、强度等级:MU15页岩实心标砖,240 mm×115 mm×53 mm 3.砂浆强度等级、配合比:M7.5细砂水泥砂浆	m³	1.58	$(2\times1.18+2\times0.98)\times(0.45-0.35-0.04+0.1)+[4\times(1.5-0.08-0.06)+(4+1.18-0.115\times2+0.2+0.98-0.115\times2)\times(0.5-0.05-0.06)]\times0.115=1.58$
30	011102001002	石材楼地面:压顶-黄色花岗石	1.石料种类、规格:400 mm×120 mm×80 mm 黄色花岗石	m³	0.48	$4\times0.12=0.48$
31	011102001003	石材楼地面:压顶-芝麻白色花岗石	1.石料种类、规格:600 mm×200 mm×50 mm 芝麻白花岗石	m³	1.18	$(4+1.18-0.115\times2+0.2+0.98-0.115\times2)\times0.2=1.18$
32	011101006004	平面砂浆找平层	1.找平层厚度:10 mm 2.砂浆配合比:1:2水泥砂浆	m²	4.96	$2\times[(2-0.2\times2)\times(1.18-0.2-0.18)+2\times(0.98-0.2-0.18)]=4.96$

序号	项目编码	项目名称	项目特征	单位	工程量	计算式
33	010904001001	楼地面卷材防水	1.卷材品种、规格、厚度:SBS 改性沥青防水卷材 2.防水层数:一层 3.反边高度:250 mm	m²	4.64	$4.96/2+0.25×[(1.18-0.2-0.18)+(4-0.2-0.2)+(0.98-0.18-0.2)+(4-0.2-0.2)+0.02]=4.64$
34	011102001004	石材楼地面-水池 1 底面	1.找平层厚度,砂浆配合比:10 mm 厚1:2水泥砂浆 2.结合层厚度,砂浆配合比:15 mm 厚1:2水泥砂浆(中砂) 3.面层材料品种、规格、颜色:200 mm×200 mm×10 mm 黄色花岗石	m²	2.48	$4.96÷2=2.48$
35	011201004001	立面砂浆找平层	1.基层类型:零星砌砖 2.找平层砂浆厚度、配合比:10 mm1:2水泥砂浆	m²	27.24	外侧:$(1.5-0.08+0.1)×4+(1.5-0.08+0.1)×0.18×2+(0.5-0.05+0.1)×(1.18-0.18)+(0.5-0.05+0.1)×(4+0.2)+(0.5-0.05+0.1)×(0.98-0.18)=9.84$ 内侧:$\{(4-0.2×2)×(0.5+0.1)+4×(1.5-0.08-0.5)+[(1.18-0.2-0.18)+(2-0.08-0.2)+0.2×2+(0.98-0.18-0.2)]×(0.5-0.05+0.1)\}×2=17.40$ 则$9.84+17.40=27.24$
36	010903001001	墙面卷材防水	1.卷材品种、规格、厚度:SBS 改性沥青防水卷材 2.防水层数:一层	m²	6.91	$3.6×(1.6-0.08-0.16)+(3.6+0.78+0.58+0.2)×(0.6-0.05-0.16)=6.91$

续表

序号	项目编码	项目名称	项目特征	计量单位	工程量	工程量计算式
37	011204003001	块料墙面-花岗岩	1. 墙体类型:直型墙 2. 安装方式 3. 面层材料品种、规格、颜色:500 mm × 150 mm × 10 mm 黄色花岗岩	m²	5.12	$[(1.18-0.18)+2+0.2+2+(0.98-0.18)]\times(0.6-0.05)+(0.78+1.6+0.2+2+0.58)\times(0.6-0.05-0.2)=3.3+1.81=5.12$
38	011204003002	块料墙面-文化石	1. 墙体类型:直型墙 2. 面层材料品种、规格、颜色:400 mm × 80 mm × 10 mm 黄色文化石	m²	5.77	$0.115\times(1.6-0.08)\times2+(1.6-0.08)\times4\div2+[(1.6-0.08-0.2-0.92)\times(4-0.4)+0.92\times4]\div2=5.77$
39	011204003003	块料墙面-文化石	1. 墙体类型:直型墙 2. 面层材料品种、规格、颜色:800 mm × 80 mm × 10 mm 黄色文化石	m²	5.60	$(1.6-0.08)\times4\div2+[(1.6-0.08-0.2-0.92)\times(4-0.4)+0.92\times4]\div2=5.60$
40	031001006001	塑料给排水管	1. 安装部位:水池底部 2. 材质规格:PEX 3. 连接形式:粘接	m	9	
41	031003001001	螺纹阀门	1. 类型:外螺纹 2. 材质:钢 3. 规格:DN40	个	3	
六		水池2				
42	010101002001	挖一般土方	1. 土壤类别:三类土 2. 挖土深度:1.1 m 3. 弃土运距:100 m	m³	48.28	$43.89\times[(-0.45)-(-1.35)+0.2]=48.28$
43	010501001004	混凝土垫层	1. 混凝土种类:商品混凝土 2. 混凝土强度等级:C20	m³	8.78	$43.89\times0.2=8.78$
44	011101006004	平面砂浆找平层	1. 找平层厚度:20 mm 2. 砂浆配合比:1:2水泥砂浆	m²	87.78	$43.89\times2=87.78$

序号	项目编码	项目名称	项目特征	计量单位	工程量	计算式
45	010904001002	楼地面卷材防水	1.卷材品种、规格、厚度:SBS改性沥青防水卷材 2.防水层数:一层 3.反边高度:250 mm	m^2	53.06	$43.89+39.66\times0.25=53.06$
46	010401012002	零星砌砖-水池2	1.零星砌砖名称、部位:水池 2.砖品种、规格、强度等级:MU15页岩实心标砖,240 mm×115 mm×53 mm 3.砂浆强度等级、配合比:M7.5细砂水泥砂浆	m^3	3.19	$39.66\times0.115\times0.7=3.19$
47	011201001	墙面一般抹灰	1.墙体类型:直型墙	m^2	7.93	$39.66\times0.1\times2=7.93$
48	011102001005	石材楼地面-压顶	1.面层材料种类、规格:400 mm×260 mm×100 mm青石板	m^2	10.30	$39.66\times0.26=10.3$
49	010903001001	墙面卷材防水	1.卷材品种、规格、厚度:3 mm厚SBS改性沥青防水卷材 2.防水层数:一层	m^2	27.76	$39.66\times0.7=27.76$
七		花架				
50	010101004002	挖基坑土方(花架)	1.土壤类别:三类土 2.挖土深度:0.4 m 3.弃土运距:8 km	m^3	3.24	$0.6^2\times(0.15+0.2+0.1)\times20=3.24$
51	010103001003	土方回填	1.密实度要求:夯填 2.填方来源、运距:原土回填,100 m	m^3	2.48	$3.24-(0.2\times0.2\times0.15+0.4\times0.4\times0.2)\times20=2.48$
52	010103002003	余方弃置	1.弃土运距:8 km	m^3	0.76	$3.24-2.48=0.76$
53	010404001001	碎石垫层	1.垫层材料种类、配合比、厚度:100 mm厚碎石	m^3	0.72	$0.6^2\times0.1\times20=0.72$

续表

序号	项目编码	项目名称	项目特征	计量单位	工程量	工程量计算式
54	010501001005	混凝土垫层	1.混凝土种类:商品混凝土 2.混凝土强度等级:C20	m^3	0.64	$0.4^2 \times 0.2 \times 20 = 0.64$
55	050304004001	木花架柱、梁	1.柱、梁截面:200 mm×200 mm 2.连接方式:螺栓连接	m^3	4.28	$0.2^2 \times 2.65 \times 20 + 0.2^2 \times 8 \times 2 + 0.2^2 \times 2 \times 19 = 4.28$
56	010101004003	挖基坑土方(座凳)	1.土壤类别:三类土 2.挖土深度:0.35 m 3.弃土运距:8 km	m^3	1.26	$0.8 \times (1 + 0.15 \times 2 + 0.1 \times 2) \times (0.1 + 0.15 + 0.1) \times 3 = 1.26$
57	010103001004	土方回填	1.密实度要求:夯填 2.填方来源运距:原土回填,100 m	m^3	0.46	$1.26 - \{(0.3 \times 1 \times 0.1 + 0.6 \times (1 + 0.15 \times 2) \times 0.15 + 0.8 \times (1 + 0.15 \times 2 + 0.1 \times 2) \times 0.1\} \times 3 = 0.46$
58	010103002004	余方弃置	1.弃土运距:8 km	m^3	0.80	$1.26 - 0.46 = 0.8$
59	010404001002	碎石垫层(座凳)	1.垫层材料种类、配合比、厚度:100 mm厚碎石	m^3	0.36	$0.8 \times (1 + 0.15 \times 2 + 0.1 \times 2) \times 0.1 \times 3 = 0.36$
60	010501001006	混凝土垫层	1.混凝土种类:商品混凝土 2.混凝土强度等级:C20	m^3	0.35	$0.6 \times (1 + 0.15 \times 2) \times 0.15 \times 3 = 0.35$
61	0010401012003	零星砌砖-座凳	1.零星砌砖名称、部位:座凳 2.砖品种、规格、强度等级:MU15页岩实心标砖,240 mm×115 mm×53 mm 3.砂浆强度等级、配合比:M7.5细砂水泥砂浆	m^3	0.45	$0.3 \times 1 \times 0.5 \times 3$

序号	项目编码	项目名称	项目特征	单位	工程量	计算式
62	010403003001	石墙-座凳顶面	1.石材种类、规格:500 mm×300 mm×20 mm 黑色花岗石	m³	0.18	1×0.3×0.2×3=0.18
63	011204001001	石材墙面	1.墙体类型:直型墙 2.面层材料品种、规格、颜色:500 mm×300 mm×20 mm 黑色花岗石	m²	2.40	(1×0.4×2+0.3×0.4×2-0.2×0.4×3)×3
八		雕塑				
64	010101004004	挖基坑土方	1.土壤类别:三类土 2.挖土深度:0.25 m 3.弃土运距:8 km	m³	0.56	(0.9+0.3×2)+(0.9+0.3×2)×0.25=0.56
65	010103001005	土方回填	1.密实度要求:夯填 2.填方来源运距:原土回填,100 m	m³	0.38	0.56-0.12-0.75×0.75×0.1=0.38
66	010103002005	余方弃置	1.弃土运距:8 km	m³	0.18	0.56-0.38=0.18
67	010501001007	混凝土垫层	1.混凝土种类:商品混凝土 2.混凝土强度等级:C15	m³	0.12	0.9×0.9×0.15=0.12
68	010401012004	零星砌砖一雕塑底座	1.零星砌砖名称、部位:雕塑底座 2.砖品种、规格、强度等级:MU15 页岩实心砖,240 mm×115 mm×53 mm 3.砂浆强度等级、配合比:M7.5 细砂水泥砂浆	m³	0.16	0.69×0.69×(0.1+0.2-0.03)+(0.65-0.03×2)×(0.65-0.03×2)×0.1=0.16
69	011206001001	石材零星项目-底座侧面	1.基层类型、部位:砖砌雕塑底座 2.面层材料品种、规格、颜色:150 mm×100 mm×20 mm 黑色花岗石	m²	0.90	0.3×(0.75+0.75)×2=0.9

序号	项目编码	项目名称	项目特征	计量单位	工程量	工程量计算式
70	011206001002	石材零星项目-底座侧面	1.基层类型、部位：砖砌雕塑底座 2.面层材料品种、规格、颜色：200 mm×100 mm×20 mm 黑色花岗石	m²	0.26	$0.1×(0.65+0.65)×2=0.26$
71	011108001001	石材零星项目-底座顶面	1.工程部位：雕塑座顶面 2.结合层厚度、材料种类：10 mm 厚1:2 水泥砂浆 3.面层材料种类、规格、颜色：200 mm×50 mm×20 mm 黑色花岗石	m²	0.14	$0.05×(0.75×2+0.65×2)=0.14$
72	011108001002	石材零星项目-底座顶面	1.工程部位：雕塑座顶面 2.结合层厚度、材料种类：10 mm 厚1:2 水泥砂浆 3.面层材料种类、规格、颜色：650 mm×650 mm×20 mm 黑色花岗石	m²	0.42	$0.65×0.65=0.42$
九		种植池				
73	010101004005	挖基坑土方	1.土壤类别：三类土 2.挖土深度：0.87 m 3.弃土运距：100 m	m³	32.46	$[(3.9+0.36+0.3×2)+(4.9+0.36+0.36+0.3×2)]×(6+0.36+0.3×2)÷2×(0.72+0.15)=32.46$
74	050307016001	花池	1.池壁材料材料、规格：C15 商品混凝土垫层，MU15 页岩实心砖，240 mm×115 mm×53 mm 2.砂浆强度等级、配合比：M7.5 细砂水泥砂浆 3.饰面材料种类：20 mm 厚1:2水泥砂浆抹面	m³	3.92	$(3.9+6+4.9-0.24+\sqrt{6^2+1^2}-0.24)×0.24×(0.72+0.15-0.07)=3.92$

序号	项目编码	项目名称	项目特征	单位	工程量	计算式
75	050101009001	种植土回填	1.取土运距:100 m 2.回填厚度:40 cm	m³	8.21	$[(3.9-0.3\times2)+(4.9-0.3\times2)]\times(6-0.3\times2)\div2\times0.4=8.21$
76	011102001006	石材楼地面-压顶	1.面层材料种类、规格:600 mm×300 mm×50 mm黑色花岗石	m³	4.80	$(3.9+6+4.9-0.24+\sqrt{6^2+1^2}-0.24)\times0.24=4.8$
十		钓鱼亭				
77	010101004006	挖基坑土方	1.土壤类别:三类土 2.挖土深度:1 m 3.弃土运距:8 km	m³	7.84	$(0.8+0.3\times2)^2\times(0.6+0.3+0.1)\times4=7.84$
78	010103001006	土方回填	1.密实度要求:夯填 2.填方来源运距:原土回填,100 m	m³	7.21	$[7.84/4-0.8^2\times0.1-0.525^2\times0.3-3.14\times(0.16/2)^2\times0.6]\times4=7.21$
79	010103002006	余方弃置	1.弃土运距:8 km	m³	0.63	$7.84-7.21=0.63$
80	010501001009	混凝土垫层	1.混凝土种类:商品混凝土 2.混凝土强度等级:C20	m³	0.26	$0.8^2\times0.1\times4$
81	010501003001	独立基础	1.混凝土种类:中砂混凝土 2.混凝土强度等级:C20	m³	0.33	$0.525^2\times0.3\times4=0.33$
82	010502003001	异形柱	1.混凝土种类:中砂混凝土 2.混凝土强度等级:C20	m³	0.26	$3.14\times(0.16/2)^2\times(2.34+0.25+0.6)\times4=0.26$
83	010503002001	矩形梁	1.混凝土种类:中砂混凝土 2.混凝土强度等级:C20	m³	0.64	$(0.2925+0.16)\times0.195\times1.8175\times4=0.64$
84	010505002001	无梁板	1.混凝土种类:中砂混凝土 2.混凝土强度等级:C20	m³	0.64	$1/2\times2.375\times\sqrt{(0.965-0.23)^2+1.135^2}\times0.1\times4=0.64$

续表

序号	项目编码	项目名称	项目特征	计量单位	工程量	工程量计算式
85	011406001001	抹灰面真石漆	1. 基层材料种类、规格:15 mm 厚1:2.5水泥砂浆 2. 面层材料品种、规格、颜色:仿黄金麻真石漆	m^2	9.33	$(0.195+0.2925)\times2.375\times4+3.14\times0.16\times2.34\times4$
86	010404001003	碎石垫层(楼地面)	垫层材料种类、配合比,厚度:100 mm 厚碎石	m^3	0.62	$2.5\times2.5\times0.1-3.14\times(0.16/2)^2\times0.1\times4=0.62$
87	010501001010	混凝土垫层(楼地面)	1. 混凝土种类:商品混凝土 2. 混凝土强度等级:C15	m^3	0.62	$2.5\times2.5\times0.1-3.14\times(0.16/2)^2\times0.1\times4=0.62$
88	011101006005	地面—平面砂浆找平层	找平层厚度、砂浆配合比:30 mm 厚1:2.5水泥砂浆找平	m^2	6.17	$2.5\times2.5-3.14\times(0.16/2)2\times4=6.17$
89	011102001007	石材楼地面	1. 找平层厚度、砂浆配合比:30 mm 2. 面层材料品种、规格、颜色:600 mm×600 mm 荔枝面黄金麻花岗石	m^2	6.17	$2.5\times2.5-3.14\times(0.16/2)2\times4=6.17$
90	011101006006	平面砂浆找平层	找平层厚度、砂浆配合比:15 mm 厚1:2.5水泥砂浆找平	m^2	6.42	$1/2\times2.375\times\sqrt{(0.965-0.23)^2+1.135^2}\times4$
91	010902002001	屋面涂膜防水	1. 防水膜品种:1.5 mm 厚合成高分子防水涂料	m^2	6.42	$1/2\times2.375\times\sqrt{(0.965-0.23)^2+1.135^2}\times4$
92	010507007001	现浇混凝土其他构件	1. 部位:持钉层 2. 混凝土种类:商品混凝土 3. 混凝土强度等级:C20	m^3	0.22	6.42×0.035
93	020603001001	琉璃屋面	1. 瓦品种、规格:西班牙瓦 2. 粘结层砂浆配合比	m^2	6.42	$1/2\times2.375\times\sqrt{(0.965-0.23)^2+1.135^2}\times4$

序号	项目编码	项目名称	项目特征	计量单位	工程量	计算式
94	020603003001	琉璃屋脊	1.西班牙瓦脊细砂	m	7.07	$\sqrt{2.5^2/2} \times 4$
95	020603011001	琉璃宝顶（中堆，天王座）	1.琉璃宝顶珠顶珠安砌，珠高230 mm 2.细砂	座	1	
十		措施项目				
96	011701001001	综合脚手架	1.檐口高度：2.35 m	m²	2.84	钓鱼亭：$1.685 \times 1.685 = 2.84$
97	011701002001	外脚手架	1.搭设方式：单层 2.脚手架材质：钢管	m²	12.63	景墙：$5 \times 2.5 = 12.50$ 花架：0.13 $12.5 + 0.13 = 12.63$
98	011702001001	基础垫层模板及支架	1.基础类型：垫层	m²	39.28	步行道：$76.8 \times 0.05 \times 2 = 7.68$ 铺装1：$2 \times 4 \times 0.05 = 0.4$ 铺装2：$(4 + 0.85 + 4 + 0.2 + 1.05) \times 0.05 = 0.19$ 汀步1：$(0.4 + 0.8) \times 2 \times 10 \times 0.15 = 3.6$ 汀步2：$(0.3 + 0.6) \times 2 \times 6 \times 0.15 = 1.62$ 景墙：$(5 + 0.1 \times 2 + 0.4) \times 2 \times 0.15 = 1.68$ 水池1：$(1.4 + 4 + 0.22 + 0.2 + 1.2 + 4 + 0.22) \times 0.15 = 1.69$ 水池2：$39.66 \times 0.2 = 7.93$ 钓鱼亭：$0.8 \times 4 \times 0.1 \times 4 = 1.28$ 花架：$0.6 \times 4 \times 0.2 \times 20 = 9.6$ 雕塑：$0.9 \times 4 \times 0.15 = 0.54$ 种植池：$(3.9 + 6 + 4.9 - 0.24 + \sqrt{(6^2 + 1^2)} - 0.24) \times 0.15 = 3.07$ $7.68 + 0.4 + 0.19 + 3.6 + 1.62 + 1.68 + 1.69 + 7.93 + 1.28 + 9.6 + 0.54 = 39.28$

序号	项目编码	项目名称	项目特征	计量单位	工程量	工程量计算式
99	011702001002	混凝土基础模板及支架	1.基础类型:带型基础	m²	2.86	铺装1:2×4×0.1=0.8 铺装2:(4+0.85+4+0.2+1.05)×0.1=0.38 景墙:(5+0.6)×2×0.15=1.68 0.8+0.38+1.68=2.86
100	011702001003	混凝土基础模板及支架	1.基础类型:独立基础	m²	2.52	钓鱼亭:0.525×4×0.3×4=2.52
101	011702004001	异形柱模板及支架	1.柱截面形状:圆形	m²	1.60	钓鱼亭:$2×3.14×(0.16/2)×(2.34+0.25+0.6)×4=1.60$
102	011702006001	矩形梁模板及支架	1.支撑高度:2.34 m	m²	6.12	钓鱼亭:$(0.292\,5+0.16)×1.817\,5×4+1.817\,5×0.195×2×4=6.12$
103	011702015001	无梁板模板及支架	1.支撑高度:2.34~3.3 m	m²	6.40	钓鱼亭:$1/2×2.375×\sqrt{(0.965-0.23)^2+1.135^2}×4=6.40$
104	011703001001	垂直运输费	1.建筑物结构类型及结构形式:钓鱼亭	m²	2.84	1.685×1.685=2.84
105	050403001001	树木支撑架	1.支撑材料类型、材质:毛竹桩,一字桩	桩	37	
106	050403001002	树木支撑架	1.支撑材料类型、材质:树棍桩,四脚桩	桩	1	
107	050403001003	树木支撑架	1.支撑材料类型、材质:树棍桩,三脚桩	桩	3	
108	050403002001	草绳绕树干	1.胸径:≤300 mm	株	1	
109	050403002002	草绳绕树干	1.胸径:≤100 mm	株	2	
110	050403002003	草绳绕树干	1.胸径:≤200 mm	株	1	
111	050403003001	搭设遮阴(防寒)棚	1.搭设高度:≤5 000 mm	m²	30	
112	050403003002	搭设遮阴(防寒)棚	1.搭设高度:≤3 000 mm	m²	10	

<u>　×××住宅庭院园林　</u>工程

招标工程量清单

招　标　人：_____　　　　造价咨询人：_____
　　　　　　（单位盖章）　　　　　　　　　　　　（单位资质专用章）

法定代表人　　　　　　　　　　　　法定代表人
或其授权人：_____　　　或其授权人：_____
　　　　　　（签字或盖章）　　　　　　　　　　（签字或盖章）

编　制　人：_____　　　复　核　人：_____
　　　（造价人员签字盖专用章）　　　　　　（造价工程师签字盖专用章）

编制时间：　年 月 日　　　　复核时间：　年 月 日

表 3.18　总说明

工程名称:××住宅庭院园林工程 第 1 页　共 1 页

1.工程概况

　　该住宅庭院园林工程项目位于四川省成都市,总设计面积 558.34 平方米。庭院用地红线内园林景观及附属工程包括步行道、铺装、汀步、景墙、水景、钓鱼亭、花架、雕塑、菜地种植池、植物。施工现场交通运输方便,周围环境保护无特殊要求。

2.工程量清单编制依据

　　(1)《建设工程工程量清单计价规范》(GB 50500—2013)(参见本教材附录 1)、《园林绿化工程工程量计算规范》(GB 50858—2013)(参见本教材附录 2)、《房屋建筑与装饰工程工程量计算规范》(GB 50854—2013)(参见本教材附录 3)

　　(2)××建筑设计研究院设计的××住宅庭院园林工程全套施工图(参见本教材附录 4)

3.工程质量、材料、施工等特殊要求

　　除图中单独标注外,所有混凝土均为 C20 商品混凝土,砂浆采用 M7.5 水泥砂浆,砖采用页岩标准砖。

4.暂估价

　　(1)材料暂估价:详"材料暂估价表"

　　(2)专业工程暂估价:详"专业工程暂估价表"

表 3.19　分部分项工程清单

工程名称：××住宅庭院园林工程　　　　　　　　　　　　　　　　　　第 1 页　共 8 页

序号	项目编码	项目名称	项目特征描述	计量单位	工程量
一		绿地整理			
1	050101010001	整理绿化用地	回填土质要求：原土回填	m²	353.63
二		栽植花木			
2		栽植凤尾竹	H3 m，1 m²/丛，根盘丛径 30 cm	丛	37
3	050102001001	栽植红皮云杉	φ50 cm，H12 m，土球直径 400 cm	株	1
4	050102001002	栽植国槐	φ10 cm，H7 m，土球直径 80 cm	株	5
5	050102001003	栽植合欢	φ16 cm，H4 m，土球直径 128 cm	株	6
6	050102001004	栽植大叶女贞	φ8 cm，H2.5 m，土球直径 64 cm	株	7
7	050102001005	栽植小叶黄杨	P40 cm，H80 cm，20 株/m²，土球直径 13 cm	m²	13.53
8	050102002001	栽植金叶女贞	P30 cm，H60 cm，25 株/m²，土球直径 10 cm	m²	16.89
9	050102002002	栽植红花檵木	P40 cm，H100 cm，25 株/m²，土球直径 13 cm	m²	8.72
10	050102002003	栽植紫叶小檗	P25 cm，H40 cm，20 株/m²，土球直径 8 cm	m²	43.75
11	050102002004	栽植瓜叶菊	H25 cm，300 株/m²	m²	2.03
12	050102008001	栽植芍药	H40 cm，15 株/m²	m²	2.28
13	050102008002	铺种四季青草皮	铺种草皮，满铺	m²	208.78
三		园路工程			
14	050201001001	园路-步行道	1. 路床土石类别：三类土 2. 垫层厚度、宽度、材料种类：50 mm 厚 C15 混凝土垫层，150 mm 厚 3:7 灰土垫层 3. 路面厚度、宽度、材料种类：100 mm 厚，1 200 mm 宽，透水砖	m²	92.16
15	050201001002	园路-铺装 1	1. 路床土石类别：三类土 2. 垫层厚度、宽度、材料种类：50 mm 厚 C15 混凝土垫层 3. 路面厚度、宽度、材料种类：100 mm 厚 C15 混凝土，80 mm 厚，瓷质砖 4. 砂浆强度等级：30 mm 厚 1:3 水泥砂浆	m²	4
16	050201001003	园路-铺装 2	1. 路床土石类别：三类土 2. 垫层厚度、宽度、材料种类：50 mm 厚 C15 混凝土垫层，100 mm 厚 C15 混凝土垫层 3. 路面厚度、宽度、材料种类：100 mm 厚 C15 混凝土，60 mm 厚，水泥广场砖 4. 砂浆强度等级：1:3 水泥砂浆	m²	3.8

表 3.19　分部分项工程清单

工程名称：××住宅庭院园林工程　　　　　　　　　　　　　　第 2 页　共 8 页

序号	项目编码	项目名称	项目特征描述	计量单位	工程量
17	050201013001	石汀步 1	石料种类、规格：400 mm × 800 mm × 100 mm 青石板	m³	0.32
18	050201013002	石汀步 2	石料种类、规格：600 mm × 300 mm × 100 mm 青石板	m³	0.11
19	010501001001	混凝土垫层-汀步 1、2	1. 混凝土种类：商品混凝土 2. 混凝土强度等级：C15	m³	0.64
20	011101006003	平面砂浆找平层 －20 mm	1. 找平层厚度：20 mm 2. 砂浆配合比：1∶3水泥砂浆	m²	4.28
四		景墙			
21	010103001001	土方回填	1. 密实度要求：夯填 2. 填方来源运距：原土回填，100 m	m³	0.64
22	010103002001	余方弃置	弃土运距：8 km	m³	0.95
23	050307010001	景墙	1. 土质类别：三类土 2. 垫层材料种类：180 mm 厚碎石垫层，150 mm 厚 C15 混凝土垫层 3. 基础材料种类、规格：C30 特细砂混凝土 4. 墙体材料种类、规格：C30 特细砂混凝土 5. 砂浆强度等级、配合比：1∶2水泥砂浆 6. 饰面材料种类：灰色面砖	m³	6.81
24	011102001001	石材楼地面-压顶	面层材料种类、规格：300 mm × 240 mm × 50 mm芝麻白烧毛面花岗石	m²	1.20
五		水池 1			
25	010101004001	挖基坑土方	1. 土壤类别：三类土 2. 挖土深度：0.25 m 3. 弃土运距：100 m	m³	2.31
26	010103001002	土方回填	1. 密实度要求：夯填 2. 填方来源运距：原土回填，100 m	m³	1.05
27	010103002002	余方弃置	弃土运距：8 km	m³	1.26
28	010501001002	混凝土垫层	1. 混凝土种类：商品混凝土 2. 混凝土强度等级：C15	m³	0.83

表 3.19　分部分项工程清单

工程名称：××住宅庭院园林工程　　　　　　　　　　　　　　　　　　　　　第 3 页　共 8 页

序号	项目编码	项目名称	项目特征描述	计量单位	工程量
29	010401012001	零星砌砖	1. 零星砌砖名称、部位：水池 2. 砖品种、规格、强度等级：MU15 页岩实心标砖，240 mm×115 mm×53 mm 3. 砂浆强度等级、配合比：M7.5 细砂水泥砂浆	m³	1.58
30	011102001002	石材楼地面：压顶-黄色花岗石	石料种类、规格：400 mm×120 mm×80 mm 黄色花岗石	m³	0.48
31	011102001003	石材楼地面：压顶-芝麻白色花岗石	石料种类、规格：600 mm×200 mm×50 mm 芝麻白花岗石	m³	1.18
32	011101006004	平面砂浆找平层	1. 找平层厚度：10 mm 2. 砂浆配合比：1:2 水泥砂浆	m²	4.96
33	010904001001	楼地面卷材防水	1. 卷材品种、规格、厚度：SBS 改性沥青防水卷材 2. 防水层数：一层 3. 反边高度：250 mm	m²	4.64
34	011102001004	石材楼地面-水池 1 底面	1. 找平层厚度、砂浆配合比：10 mm 厚 1:2 水泥砂浆 2. 结合层厚度、砂浆配合比：15 mm 厚 1:2 水泥砂浆（中砂） 3. 面层材料品种、规格、颜色：200 mm×200 mm×10 mm 黄色花岗石	m²	2.48
35	011201004001	立面砂浆找平层	1. 基层类型：零星砌砖 2. 找平层砂浆厚度、配合比：10 mm 厚 1:2 水泥砂浆	m²	13.82
36	010903001001	墙面卷材防水	1. 卷材品种、规格、厚度：SBS 改性沥青防水卷材 2. 防水层数：一层	m²	6.91
37	011204003001	花岗石墙面	1. 墙体类型：直型墙 2. 安装方式：块料墙面 3. 面层材料品种、规格、颜色：500 mm×150 mm×10 mm 黄色花岗石	m²	5.12

表 3.19　分部分项工程清单

工程名称:××住宅庭院园林工程　　　　　　　　　　　　　　　　　第 4 页　共 8 页

序号	项目编码	项目名称	项目特征描述	计量单位	工程量
38	011204003002	块料墙面-文化石	1.墙体类型:直型墙 2.安装方式:块料墙面 3.面层材料品种、规格、颜色:400 mm×80 mm×10 mm 黄色文化石	m²	5.77
39	011204003003	块料墙面-文化石	1.墙体类型:直型墙 2.安装方式:块料墙面 3.面层材料品种、规格、颜色:800 mm×80 mm×10 mm 黄色文化石	m²	5.60
40	031001006001	塑料给排水管	1.安装部位:水池底部 2.材质规格:PEX 3.连接形式:粘接	m	9
41	031003001001	螺纹阀门	1.类型:外螺纹 2.材质:钢 3.规格:DN40	个	3
六		水池 2			
42	010101002001	挖一般土方	1.土壤类别:三类土 2.挖土深度:1.1 m 3.弃土运距:100 m	m³	48.28
43	010501001004	混凝土垫层	1.混凝土种类:商品混凝土 2.混凝土强度等级:C20	m³	8.78
44	011101006004	平面砂浆找平层	1.找平层厚度:20 mm 2.砂浆配合比:1:2水泥砂浆	m²	87.78
45	010904001002	楼地面卷材防水	1.卷材品种、规格、厚度:SBS 改性沥青防水卷材 2.防水层数:一层 3.反边高度:250 mm	m²	53.06
46	010401012002	零星砌砖-水池 2	1.零星砌砖名称、部位:水池 2.砖品种、规格、强度等级:MU15 页岩实心标砖,240 mm×115 mm×53 mm 3.砂浆强度等级、配合比:M7.5 细砂水泥砂浆	m³	3.19
47	011201001	墙面一般抹灰	墙体类型:直型墙	m²	7.93
48	011102001005	石材楼地面-压顶	面层材料种类、规格:400 mm × 260 mm × 100 mm青石板	m²	10.30

表 3.19　分部分项工程清单

工程名称：××住宅庭院园林工程　　　　　　　　　　　　　　　　　　第 5 页　共 8 页

序号	项目编码	项目名称	项目特征描述	计量单位	工程量
49	010903001001	墙面卷材防水	1.卷材品种、规格、厚度：3 mm 厚 SBS 改性沥青防水卷材 2.防水层数：一层	m²	27.76
七		花架			
50	010101004002	挖基坑土方（花架）	1.土壤类别：三类土 2.挖土深度：0.4 m 3.弃土运距：100 m	m³	3.24
51	010103001003	土方回填	1.密实度要求：夯填 2.填方来源运距：原土回填，100 m	m³	2.48
52	010103002003	余方弃置	弃土运距：8 km	m³	0.76
53	010404001001	碎石垫层	垫层材料种类、配合比、厚度：100 mm 厚碎石	m³	0.72
54	010501001005	混凝土垫层	1.混凝土种类：商品混凝土 2.混凝土强度等级：C20	m³	0.64
55	050304004001	木花架柱、梁	1.柱、梁截面：200 mm×200 mm 2.连接方式：螺栓连接	m³	4.28
56	010101004003	挖基坑土方（座凳）	1.土壤类别：三类土 2.挖土深度：0.35 m 3.弃土运距：100 m	m³	1.26
57	010103001004	土方回填	1.密实度要求：夯填 2.填方来源运距：原土回填，100 m	m³	0.46
58	010103002004	余方弃置	弃土运距：8 km	m³	0.8
59	010404001002	碎石垫层（座凳）	垫层材料种类、配合比、厚度：100 mm 厚碎石	m³	0.36
60	010501001006	混凝土垫层	1.混凝土种类：商品混凝土 2.混凝土强度等级：C20	m³	0.35
61	0010401012003	零星砌砖-座凳	1.零星砌砖名称、部位：座凳 2.砖品种、规格、强度等级：MU15 页岩实心标砖，240 mm×115 mm×53 mm 3.砂浆强度等级、配合比：M7.5 细砂水泥砂浆	m³	0.45

表 3.19　分部分项工程清单

工程名称：××住宅庭院园林工程

序号	项目编码	项目名称	项目特征描述	计量单位	工程量
62	010403003001	石墙-座凳顶面	石材种类、规格:500 mm×300 mm×20 mm 黑色花岗石	m³	0.18
63	011204001001	石材墙面	1.墙体类型:直型墙 2.面层材料品种、规格、颜色:500 mm×300 mm×20 mm 黑色花岗石	m²	2.4
八		雕塑			
64	010101004004	挖基坑土方	1.土壤类别:三类土 2.挖土深度:0.25 m 3.弃土运距:100 m	m³	0.56
65	010103001005	土方回填	1.密实度要求:夯填 2.填方来源运距:原土回填,100 m	m³	0.38
66	010103002005	余方弃置	弃土运距:8 km	m³	0.18
67	010501001007	混凝土垫层	1.混凝土种类:商品混凝土 2.混凝土强度等级:C15	m³	0.12
68	010401012004	零星砌砖-雕塑底座	1.零星砌砖名称、部位:雕塑底座 2.砖品种、规格、强度等级:MU15 页岩实心标砖,240 mm×115 mm×53 mm 3.砂浆强度等级、配合比:M7.5 细砂水泥砂浆	m³	0.16
69	011206001001	石材零星项目-底座侧面	1.基层类型、部位:砖砌雕塑底座 2.面层材料品种、规格、颜色:150 mm×100 mm×20 mm 黑色花岗石	m²	0.90
70	011206001002	石材零星项目-底座侧面	1.基层类型、部位:砖砌雕塑底座 2.面层材料品种、规格、颜色:200 mm×100 mm×20 mm 黑色花岗石	m²	0.26
71	011108001001	石材零星项目-底座顶面	1.工程部位:雕塑底座顶面 2.结合层厚度、材料品种:10 mm 厚 1:2 水泥砂浆 3.面层材料种类、规格、颜色:200 mm×50 mm×20 mm 黑色花岗石	m²	0.14
72	011108001002	石材零星项目-底座顶面	1.工程部位:雕塑底座顶面 2.结合层厚度、材料品种:10 mm 厚 1:2 水泥砂浆 3.面层材料种类、规格、颜色:650 mm×650 mm×20 mm 黑色花岗石	m²	0.42

表 3.19　分部分项工程清单

工程名称：××住宅庭院园林工程　　　　　　　　　　　　　　　　第 7 页　共 8 页

序号	项目编码	项目名称	项目特征描述	计量单位	工程量
九		种植池			
73	010101004005	挖基坑土方	1. 土壤类别：三类土 2. 挖土深度：0.87 m 3. 弃土运距：100 m	m³	32.46
74	050307016001	花池	1. 土质类别：三类土 2. 池壁材料种类、规格：MU15 页岩实心标砖，240 mm×115 mm×53 mm 3. 砂浆强度等级、配合比：M7.5 细砂水泥砂浆 4. 饰面材料种类：20 mm 厚 1∶2 水泥砂浆抹面	m³	3.92
75	050101009001	种植土回填	1. 取土运距：100 m 2. 回填厚度：40 cm	m³	8.21
76	011102001006	石材楼地面-压顶	面层材料种类、规格：600 mm×300 mm×50 mm 黑色花岗石	m²	4.80
十		钓鱼亭			
77	010101004006	挖基坑土方	1. 土壤类别：三类土 2. 挖土深度：1 m 3. 弃土运距：8 km	m³	7.84
78	010103001006	土方回填	1. 密实度要求：夯填 2. 填土来源运距：原土回填，100 m	m³	7.21
79	010103002006	余方弃置	弃土运距：8 km	m³	0.63
80	010501001009	混凝土垫层	1. 混凝土种类：商品混凝土 2. 混凝土强度等级：C20	m³	0.26
81	010501003001	独立基础	1. 混凝土种类：中砂混凝土 2. 混凝土强度等级：C20	m³	0.33
82	010502003001	异形柱	1. 混凝土种类：中砂混凝土 2. 混凝土强度等级：C20	m³	0.26
83	010503002001	矩形梁	1. 混凝土种类：中砂混凝土 2. 混凝土强度等级：C20	m³	0.64
84	010505002001	无梁板	1. 混凝土种类：中砂混凝土 2. 混凝土强度等级：C20	m³	0.64

表 3.19　分部分项工程清单

工程名称:××住宅庭院园林工程　　　　　　　　　　　　　　第 8 页　共 8 页

序号	项目编码	项目名称	项目特征描述	计量单位	工程量
85	011406001001	抹灰面真石漆	1. 基层材料种类、规格:15 mm 厚 1:2.5 水泥砂浆 2. 面层材料品种、规格、颜色:仿黄金麻真石漆	m²	9.33
86	010404001003	碎石垫层(楼地面)	垫层材料种类、配合比、厚度:100 mm 厚碎石	m³	0.62
87	010501001010	混凝土垫层(楼地面)	1. 混凝土种类:商品混凝土 2. 混凝土强度等级 C15	m³	0.62
88	011101006005	地面-平面砂浆找平层	找平层厚度、砂浆配合比:30 mm 厚 1:2.5 水泥砂浆找平	m²	6.17
89	011102001007	石材楼地面	1. 找平层厚度、砂浆配合比:30 mm 2. 面层材料品种、规格、颜色:600 mm×600 mm 荔枝面黄金麻花岗石	m²	6.17
90	011101006006	平面砂浆找平层	找平层厚度、砂浆配合比:15 mm 厚 1:2.5 水泥砂浆找平	m²	6.42
91	010902002001	屋面涂膜防水	防水膜品种:1.5 mm 厚合成高分子防水涂料	m²	6.42
92	010507007001	现浇混凝土其他构件	1. 部位:持钉层 2. 混凝土种类:商品混凝土 3. 混凝土强度等级:C20	m³	0.22
93	020603001001	琉璃屋面	1. 瓦品种、规格:西班牙瓦 2. 黏结层砂浆配合比	m²	6.42
94	020603003001	琉璃屋脊	西班牙瓦脊　细砂	m	7.07
95	020603011001	琉璃宝顶(中堆、天王座)	1. 琉璃宝顶珠安砌,珠高 230 mm 2. 细砂	座	1

表3.20 单价措施项目清单

工程名称:××住宅庭院园林工程　　　　　　　　　　第1页　共1页

序号	项目编码	项目名称	项目特征描述	计量单位	工程量
1	011701001001	综合脚手架	檐口高度:2.34 m	m²	2.84
2	011701002001	外脚手架	1.搭设方式:单层 2.脚手架材质:钢管	m²	12.63
3	011702001001	基础垫层模板及支架	基础类型:垫层	m²	39.28
4	011702001002	混凝土基础模板及支架	基础类型:带型基础	m²	2.86
5	011702001003	混凝土基础模板及支架	基础类型:独立基础	m²	2.52
6	011702004001	异形柱模板及支架	柱截面形状:圆形	m²	1.60
7	011702006001	矩形梁模板及支架	支撑高度:2.34 m	m²	6.12
8	011702015001	无梁板模板及支架	支撑高度:2.34~3.3 m	m²	6.40
9	011703001001	垂直运输费	建筑物结构类型及结构形式:钓鱼亭	m²	2.84
10	050403001001	树木支撑架	支撑材料类型、材质:毛竹桩,一字桩	桩	37
11	050403001002	树木支撑架	支撑材料类型、材质:树棍桩,四脚桩	桩	1
12	050403001003	树木支撑架	支撑材料类型、材质:树棍桩,三脚桩	桩	3
13	050403002001	草绳绕树干	胸径:≤300 mm 苗木	株	1
14	050403002002	草绳绕树干	胸径:≤100 mm	株	2
15	050403002003	草绳绕树干	胸径:≤200 mm	株	1
16	050403003001	搭设遮阴(防寒)棚	搭设高度:≤5 000 mm	m²	30
17	050403003002	搭设遮阴(防寒)棚	搭设高度:≤3 000 mm	m²	10

表 3.21   总价措施项目清单

工程名称：××住宅庭院园林工程   第 1 页   共 1 页

序号	项目编码	项目名称	备注
1	011707001001	安全文明施工费	
1.1		环境保护费	
1.2		文明施工费	
1.3		安全施工费	
1.4		临时设施费	
2	011707004001	二次搬运费	
3	011707005001	冬雨季施工增加费	

表 3.22   其他项目清单

工程名称：××住宅庭院园林工程   第 1 页   共 1 页

序号	项目名称	金额/元	结算金额/元	备注
1	暂列金额			
2	暂估价			
2.1	材料(工程设备)暂估价/结算价			
2.2	专业工程暂估价/结算价			
3	计日工			
4	总承包服务费			
合 计				

表 3.23   暂列金额明细表

工程名称：××住宅庭院园林工程   第 1 页   共 1 页

序号	项目名称	计量单位	暂定金额/元	备注
1	暂列金额(按分部分项工程费的 10% 计列)	项		
2				
3				
合 计				

表3.24　材料(工程设备)暂估单价及调整表

工程名称:××住宅庭院园林工程　　　　　　　　　　　　　　　　第1页　共1页

序号	材料(工程设备)名称、规格、型号	计量单位	单价/元	备注
1	400 mm×260 mm×100 mm 青石板	m²	60	
2	遮阴棚(高度≤5 000 mm)	m²	17.76	
3	遮阴棚(高度≤3 000 mm)	m²	11.71	

注:此表由招标人填写"暂估单价",并在备注栏说明暂估价的材料、工程设备拟用在那些清单项目上,投标人应将上述材料、工程设备暂估单价计入工程量清单综合单价报价中。工程结算时,依据承发包双方确认价调整差额。

表3.25　专业工程暂估价表

工程名称:××住宅庭院园林工程　　　　　　　　　　　　　　　　第1页　共1页

序号	工程名称	工程内容	暂估金额/元	结算金额/元	差额/元	备注
合　计						

注:此表"暂估金额"由招标人填写,投标人应将"暂估金额"计入投标总价中。结算时按合同约定结算金额填写。

表3.26　计日工表

工程名称:××住宅庭院园林工程　　　　　　　　　　　　　　　　第1页　共1页

编号	项目名称	单位	暂定数量
一	人工		
1	建筑普工	工日	
2	建筑技工	工日	
3	装饰细木工	工日	
二	材料		
三	施工机械		

注:此表项目名称、暂定数量由招标人填写,编制招标控制价时,单价由招标人按有关计价规定确定;投标时,单价由投标人自主报价,按暂定数量计算合价计入投标总价中。结算时,按发承包双方确认的实际数量计算合价。

表 3.27　规费项目清单

工程名称：××住宅庭院园林工程 　　　　　　　　　　　　　　　　第 1 页　共 1 页

序号	项目名称	计算基础
1	规费	
1.1	社会保险费	
(1)	养老保险费	
(2)	失业保险费	
(3)	医疗保险费	
(4)	工伤保险费	
(5)	生育保险费	
1.2	住房公积金	
1.3	工程排污费	

复习思考题

1. 什么是工程量？常用工程量的计量单位有哪些？
2. 工程量计算依据有哪些？
3. 工程量计算有哪"四统一"原则？项目编码怎样编列？
4. 为什么计算工程量时必须遵守计价规范中的工程量计算规则？
5. 什么是建筑面积？
6. 砍伐乔木的工程量怎样计算？
7. 整理绿化用地的工程量怎样计算？它的项目编码是什么？
8. 计价规范中的"栽植乔木""栽植灌木"的工程量计算规则有什么区别？
9. 种植土回填的工程量怎样计算？
10. 绿地起坡造型的工程量怎样计算？项目编码是什么？
11. 根据计价规范判断"栽植乔木"的"冠径"如何计算？
12. 栽植乔木、灌木、种植花卉的养护期如何计算？
13. "垂直墙体绿化种植"的绿化投影面积怎样计算？
14. "铺种草皮"的绿化投影面积怎样计算？
15. "绿地喷灌"涉及的土石方工程应如何列项？
16. 当园路有坡度时，工程量如何计算？
17. "路牙铺设"的工程量如何计算？项目编码是什么？
18. 桥基础、石桥墩、石桥台的区别是什么？它们的工程量怎样计算？
19. "满铺卵石护岸"的项目特征是什么？它的工程量怎样计算？
20. "堆筑土山丘"与"绿地起坡造型"的区别是什么？它们的工程量分别怎样计算？

21. "堆砌石假山"的工程量怎样计算?

22. "点风景石"的工程量怎样计算?

23. 亭廊屋面的种类有哪些? 它们的工程量分别怎样计算?

24. 园林桌椅的种类有哪些? 它们的工程量分别怎样计算?

25. 喷泉管道的工程量怎样计算?

26. 景墙的项目特征有哪些内容? 它的工程量怎样计算?

27. 土方的天然密实体积、虚方体积、夯实后体积、松填体积有什么区别?

28. 挖一般土方、挖沟槽土方、挖基坑土方的区别是什么? 它们的工程量分别怎样计算?

29. 基础与墙身是怎样划分的?

30. 砖基础的工程量怎样计算?

31. 砖墙的工程量怎样计算?

32. 现浇混凝土"带型基础""独立基础"的区别是什么? 它们的工程量怎样计算?

33. 什么是工程量清单? 工程量清单由几部分组成,各包括哪些内容?

34. 脚手架、施工电梯、基础开挖支挡土板各应列入什么清单的什么项目?

35. 工程量清单包括工程数量,还包括金额吗?

4 园林工程费用计算

【本章导读】

本章主要介绍园林工程费用计算的一般方法及实例。具体内容包括分部分项工程费、措施项目费、其他项目费、规费、税金，以及单位工程费、单项工程费等各种费用计算。

【本章课程思政】

1.伴随视频，介绍本专业与城市发展之间密不可分的关系，增强专业认同感，培养学生爱岗敬业的精神。

2.通过动手计算，使学生体会脚踏实地、勤劳务实的职业作风。

3.通过喷泉工程展示，激发学生的文化自信、爱国热情，感怀幸福生活来之不易，应倍加珍惜，并为祖国建设做出应有贡献。

4.引导学生发现自身知识和技能缺漏，培养踏实细致的工匠精神。

园林工程费用按其计算顺序由分部分项工程费、措施费、其他项目费、规费、税金五部分组成(图4.1)。

分部分项工程费　分部分项工程费 = $\sum$(工程量 × 综合单价)

措施项目费 { 单价措施项目费　脚手架费等 = $\sum$(工程量 × 综合单价)

总价措施项目费　安全文明施工费等 = (定额人工费 + 定额机械费) × 费率

暂列金额　暂列金额 = 分部分项工程费 × 费率

暂估价 { 材料暂估价　计入分部分项工程费

专业工程暂估价　专业工程暂估价 = $\sum$(工程量 × 项目单价)

其他项目费

计日工　计日工费用 = $\sum$(工程量 × 综合单价)

总承包服务费　总承包服务费 = 分包工程造价 × 费率

规费　规费 = 定额人工费 × 费率

税金　税金 = (分部分项工程费 + 措施项目费 + 其他项目费 + 规费 + 税金) × 税金率

图4.1　园林工程费用计算程序图

4.1 微课

4.1 分部分项工程费计算

4.1.1 概述

1）分部分项工程费的计算

分部分项工程费由分项工程工程量乘以综合单价汇总而成。其计算公式为：

$$分部分项工程费 = \sum（工程量 \times 综合单价）$$

2）综合单价的概念

（1）综合单价的组成　综合单价由人工费、材料费、机械费、管理费和利润五部分组成。

（2）综合单价的确定依据　综合单价的确定依据有工程量清单、定额、工料单价、费用及利润标准、施工组织设计、招标文件、施工图纸及图纸答疑、现场踏勘情况、计价规范等。

①工程量清单：是由招标人提供的工程量清单，综合单价应根据工程量清单中提供的项目名称及该项目所包括的工程内容来确定。

②定额：是指地区定额或企业定额。

地区定额是由某地区建设行政主管部门每隔一段时间发布的，根据合理的施工组织设计制订的，在正常施工条件下生产一个规定计量单位工程合格产品所需人工、材料、机械台班的，适用于当地的社会平均消耗量的定额。它是在编制标底或招标控制价时确定综合单价的依据。本教材使用的定额是2020年××地区编制的建筑工程工程量清单计价定额，当工程所在地的地区定额内容更新后，大家可根据本地区最新定额对综合单价进行调整。

企业定额是某企业根据其自身的施工技术和管理水平，以及有关工程造价资料制订的，供本企业使用的人工、材料、机械台班消耗量的定额。企业定额是在编制投标报价时确定综合单价的依据。若投标企业没有企业定额时，可参照地区消耗量定额确定综合单价。

定额中的人工、材料、机械消耗量是计算综合单价中人工费、材料费、机械费的基础。

③工料机单价：是指人工单价、材料单价（即材料预算价格）、机械台班单价。综合单价中的人工费、材料费、机械费，是由定额中工料消耗量乘以相应的工料机单价得到的，见下列各式：

$$人工费 = \sum（工日数 \times 人工单价）$$

$$材料费 = \sum（材料数量 \times 材料单价）$$

$$机械费 = \sum（机械台班数 \times 机械台班单价）$$

④企业管理费费率、利润率：除人工费、材料费、机械费外的企业管理费及利润，是根据企业管理费费率和利润率乘以相应基数得到的。

⑤计量规范：分部分项工程费的综合单价所包括的范围，应符合计量规范中项目特征及工程内容中规定的要求（参见附录3、附录4）。

⑥招标文件：综合单价包括的内容应满足招标文件的要求，如工程招标范围、甲方供应材料的方式等。例如，某工程招标文件中要求钢材实行政府采购，由招标方组织供应（甲方供料）到工程现场，则综合单价中就不能包括钢材的价格。

⑦施工图纸及图纸答疑：在确定综合单价时，分部分项工程包括的内容除满足工程量清单中给出的内容外，还应注意施工图纸及图纸答疑的具体内容，才能有效地确定综合单价。

⑧现场踏勘情况、施工组织设计:现场踏勘情况及施工组织设计,是计算措施项目费的重要资料。

4.1.2　综合单价的确定

1)确定综合单价需要注意的问题

综合单价,即分部分项工程与单价措施项目的单价。

综合单价的确定是一项复杂的工作。需要在熟悉工程的具体情况、当地市场价格、各种技术经济法规等的情况下进行。

由于计价规范与定额中的工程量计算规则、计量单位、项目内容不尽相同,综合单价的确定有直接套用定额组价和重新计算工程量组价两种方法。

不论哪种确定方法,必须弄清以下两个问题:

第一,拟组价项目的内容。

用计价规范规定的内容与相应定额项目的内容作比较,看拟组价项目应该用哪几个定额项目来组合单价。如"平整场地"项目,按照计量规范,其工作内容中包括"土方挖填、场地找平、运输",即其综合单价中应包含这三部分工作的价格,但某地区计价定额中"AA0001 平整场地"项目的工作内容中,仅包括"标高 ±300 mm 内的挖、填、找平",即"AA0001 平整场地"的综合单价 129.10 元/100 m² 中仅包括对土方的"挖、填、找平"的价格,不包括土方运输价格。因此当需给出工程量清单中"平整场地"项目的综合单价时,需要查找两张定额表"AA0001 平整场地"和"AA0086 人力车运土方",并将组价过程填写在"综合单价分析表"中。

第二,计价规范与定额的工程量计算规则是否相同。

在组合单价时要弄清具体项目包括的内容,各部分内容是直接套用定额组价,还是需要重新计算工程量组价。能直接套用定额组价的项目,用"直接套用定额组价"方法进行组价;不能直接套用定额组价的项目,用"重新计算工程量组价"方法进行组价。例如在清单计量规范中,现浇混凝土坡道的计量单位为 m²,但定额中现浇混凝土坡道的计量单位为 m³。

2)确定综合单价的方法

常见的综合单价的确定方法如下:

(1)直接套用一个定额项目组价　根据单个定额组价,指一个分项工程的单价仅由一个定额项目组合而成。这种组价较简单,在一个单位工程中大多数的分项工程均可利用这种方法组价。

①项目特点:

a.内容比较简单;

b.计价规范与所使用定额中的工程量计算规则相同。

②组价方法:

第一步:直接套用相应的计价定额。

第二步:计算材料费。材料单价按当地市场价计算。其计算公式为:

$$材料费 = \sum (材料数量 \times 材料单价)$$

第三步:调整人工费。

根据当地造价管理站发布的人工费调整系数计算。其计算公式为:

$$人工费 = 定额人工费 \times (1 + 人工费调整系数)$$

其中,定额人工费即在定额表中查到的人工费。

第四步:汇总形成综合单价。

综合单价 = 人工费 + 材料费 + 机械费 + 管理费 + 利润

综合单价用"工程量清单综合单价分析表"计算。

③组价举例:

【例4.1】 计算××住宅庭院园林工程水池1(附录2图SS-05-1-14)混凝土垫层的综合单价。

【解】 项目编码:010501001003;计量单位:m³

根据AE0005定额直接组合综合单价,AE0005定额如表4.1所示。用"工程量清单综合单价分析表"计算,计算结果如表4.2所示。

第一步:直接套用相应的计价定额。根据当地计价定额套用相应的定额项目,套用定额编号为AE0005,如表4.1所示。

第二步:计算材料费。材料单价按当地市场价计算,已知C15商品混凝土市场价455元/m³,水市场价3.15元/m³,其他材料费不变,计算结果见下式:

$$材料费 = (1.01 \times 455 + 0.24 \times 3.15 + 0.96) 元/m³ = 461.27 元/m³$$

其中材料的消耗量如表4.1所示。

第三步:调整人工费。

根据当地造价管理站发布的人工费调整系数10.55%计算。其计算公式为:

$$人工费 = [41.09 \times (1 + 10.55\%)] 元/m³ = 45.42 元/m³$$

第四步:汇总形成综合单价,并填写完成"工程量清单综合单价分析表"(表4.2)。

$$综合单价 = (45.42 + 461.27 + 0.25 + 4.63 + 10.54) 元/m³ = 522.11 元/m³$$

表4.1 AE0005定额

定额编号		AE0005	
项 目		垫层 商品混凝土 C15(单位:10 m³)	
综合单价		3 914.41	
其 中	人工费	410.91	
	材料费	3 349.28	
	机械费	2.50	
	管理费	46.30	
	利润	105.42	
名 称	单位	单价/元	数量
材 料	商品混凝土	m³	330.00	10.100
	水	m³	2.80	2.400
	其他材料费	元		9.560

注:材料单价为当地市场价。

表4.2 工程量清单综合单价分析表

项目编码	010501001003	项目名称			混凝土垫层			计量单位		m³		工程量	
清单综合单价组成明细													
定额编号	定额项目名称	定额单位	数量	单价					合价				
				人工费	材料费	机械费	管理费	利润	人工费	材料费	机械费	管理费	利润
AE0005	垫层 商品混凝土 C15	m³		45.42	461.27	0.25	4.63	10.54					

续表

小　计				
未计价材料费				
清单项目综合单价			522.11	

材料费明细	主要材料名称、规格、型号	单位	数量	单价/元	合价/元	暂估单价/元	暂估合价/元
	商品混凝土	m³		455			
	水	m³		3.15			
	其他材料费				—		—
	材料费小计				—		

注：材料单价为当地市场价。

（2）直接套用多个定额项目组价　将计价规范规定的工作内容与相应定额项目的工作内容作比较，看拟组价项目应该用哪几个定额项目来组合单价。

往往是规范中该分部分项工程所包括的工作内容比相应定额的工作内容多，如计量规范中园路的工作内容包括四点（表4.3），而2020年××省计价定额中园路 EB0080（表4.4）的工作内容只包括两点，分别是路基、路床整理以及弹线、选砖、套规格、砍磨砖、铺砂浆、铺砖块，也就是说，定额中查询到的园路的基价（表4.4 EB0080）中，只包含了这两点的价格，并不包括垫层的价格。因此，在计算工程量清单中园路的综合单价时，按照它的工作内容（表4.3）应将垫层的综合单价整合在内，即最后得到的园路的综合单价中应该包括规范中列出的所有工作内容的单价。

【例4.2】　请计算××住宅庭院园林工程园路-步行道（附录2 图 YL-03-1）的综合单价（砂浆的细骨料为特细砂）。

【解】　项目编码：050201001001；计量单位：m²

《园林绿化工程工程量计算规范》中园路子目如表4.3所示。

表4.3　园路子目

项目编码	项目名称	项目特征	计量单位	工程量计算规则	工作内容
050201001001	园路	1.路床土石类别 2.垫层厚度、宽度、材料种类 3.路面宽度、厚度、材料种类 4.砂浆强度等级	m²	按设计图示尺寸以面积计算，不包括路牙	1.路基路床整理 2.垫层铺筑 3.路面铺筑 4.路面养护

即园路的综合单价中应包括如表4.3所示工作内容中，"路基、路床整理、垫层、路面"的全部价格，即应根据"路基、路床整理、垫层、路面"相应的定额表 AD0224、AE0005、EB0080、AL0066、AL0069（表4.4）组合综合单价，同时2020年××省园林工程计价定额"册说明"中也提到"园路地面定额已包括了结合层，不包括垫层，垫层按2020年《××省建设工程工程量清

单计价定额——房屋建筑与装饰工程》册中相关项目计算,其定额人工费乘以系数1.2",因此需要对垫层的综合单价进行调整。

第一步,分别计算园路工作内容中包含的"垫层""路面"的计价工程量。按照2020年《××省工程量清单计价定额》,园路垫层按设计图示尺寸,两边各加宽50 mm乘以厚度,以"立方米"计算。根据图纸已知,园路-步行道长度76.80 m,其清单工程量为92.16 m²(见表3.31),则

$$C15 混凝土垫层工程量 = 76.8 \times 0.05 \times (1.5 + 0.05 \times 2) \text{ m}^3 = 4.99 \text{ m}^3$$

$$3:7 灰土垫层工程量 = 76.8 \times 0.15 \times (1.2 + 0.05 \times 2) \text{ m}^3 = 14.98 \text{ m}^3$$

$$50 \text{ mm} 厚 1:3 水泥砂浆找平层工程量 = 76.8 \times 1.2 \text{ m}^2 = 92.16 \text{ m}^2$$

表4.4　AD0224、AE0005、EB0080、AL0066、AL0069 定额

定额编号			AE0005	AD0224	AL0066	AL0069	EB0080
项　目			垫层 商品混凝土 C15(单位:10 m³)	垫层　灰土 3:7(单位: 10 m³)	20 mm 厚平面水泥砂浆(特细砂)找平层(在混凝土及硬基层上)1:3(单位:100 m²)	平面水泥砂浆(特细砂)找平层每增减厚度5 mm 1:3(单位:100 m²)	园路 砖平铺地面 拐子锦 特细砂(单位: 10 m²)
综合单价			3 914.41	1 412.05	1 687.37	377.33	516.99
其中	人工费		410.91	601.80	925.74	191.55	189.63
	材料费		3 349.28	568.23	622.71	156.80	246.71
	机械费		2.50	41.84	7.43	1.75	0.98
	管理费		46.30	61.15	40.13	8.31	24.26
	利　润		105.42	139.03	91.36	18.92	55.41
名　称	单位	单价/元	数　量				
材料	商品混凝土	m³	330.00	10.10				
	水	m³	2.80	2.40	2.02	1.206	0.153	0.099
	其他材料费	元		9.56				1.25
	灰土	m³	55.70		10.1			
	生石灰	kg	0.15		(2 969.4)			
	普通土	m³	10.00		(11.716)			
	水泥砂浆(特细砂)	m³	306.60			2.02	0.51	0.33

续表

定额编号			AE0005	AD0224	AL0066	AL0069	EB0080
名　称		单位	单价/元	数　量			
材料	标准砖	千匹	400.00					0.36
	水泥	kg	0.40			(892.84)	(225.42)	(145.86)
	特细砂	m³	110.00			(2.384)	(0.602)	(0.389)

第二步,用"工程量清单综合单价分析表"计算综合单价,计算结果如表4.5所示。其中,

人工费 = 定额人工费(见表4.4) × (1 + 人工费调整系数10.55%)

如

园路砖平铺地面拐子棉(中砂)人工费(m^2) = [189.63(见表4.4) ×

(1 + 0.0105 5) ÷ 10]元/m^2 = 20.96 元/m^2

3:7灰土垫层、C15 混凝土垫层的人工费还要在上式的基础上再乘以系数1.2,如

3:7灰土垫层人工费(m^3) = [601.80(见表4.4) × (1 + 0.105 5) × 1.2 ÷ 10]元/m^3

= 79.84 元/m^3

C15 混凝土垫层的人工费(m^3) = [410.91 × (1 + 0.105 5) × 1.2 ÷ 10]元/m^3 = 54.51 元/m^3

表4.5　工程量清单综合单价分析表

项目编码	050201001001		项目名称	园路-步行道		计量单位		m^2	工程量	92.16

| | | | | 清单综合单价组成明细 | | | | | | | | | |

定额编号	定额项目名称	定额单位	数量	单　价					合　价				
				人工费	材料费	机械费	管理费	利润	人工费	材料费	机械费	管理费	利润
EB0080	园路砖平铺地面拐子锦中砂	m^2	94.16	20.96	24.67	0.10	2.43	5.54	1 973.59	2 273.59	9.22	223.95	510.57
AE0016	C15 混凝土垫层	m^3	4.99	54.51	334.93	0.25	4.63	10.54	272.00	1 671.30	1.25	23.10	52.59
AD0291	3:7灰土垫层	m^3	14.98	79.84	56.82	4.18	6.12	13.90	1 196.00	851.16	62.62	91.68	208.22
AL0066 +6 × AL0069	1:3水泥砂浆找平层	m^2	92.16	22.94	15.64	0.18	0.90	2.05	2 114.15	1 441.38	16.59	82.94	188.93
小　计									5 555.74	6 237.43	89.68	421.67	960.31
未计价材料费													
清单项目综合单价									137.77				

续表

	主要材料名称、规格、型号	单位	数量	单价/元	合价/元	暂估单价/元	暂估合价/元
材料费明细	水	m³	7.09	2.80	19.85		
	标准砖	千匹	3.32	400.00	1 328.00		
	水泥	kg	3 413.57	0.40	1 365.43		
	特细砂	m³	9.11	110.00	1 002.10		
	商品混凝土	m³	5.04	330.00	1 663.20		
	生石灰	kg	4 448.16	0.15	667.22		
	普通土	m³	17.55	10.00	175.50		
	其他材料费			—	16.29		
	材料费小计			—	6 237.59	—	

其中,园路的综合单价中包括 C15 混凝土垫层、灰土垫层、平面砂浆找平层、园路路面的综合单价,且 C15 混凝土垫层和灰土垫层的人工费乘以系数 1.2,每一张定额表中的定额人工费再乘以调整系数 1.105 5,并且 50 mm 厚 1:3 平面砂浆找平层的综合单价由两张定额表(AL0066 与 AL0069)共同确定,即

50 mm 厚 1:3 平面砂浆找平层的人工费(m²) = {[1 023.41 + (50 - 20) ÷ 5 × 191.55] ÷ 100} 元/m² = 21.73 元/m²

50 mm 厚 1:3 平面砂浆找平层的材料费(m²) = {[622.71 + (50 - 20) ÷ 5 × 156.80] ÷ 100} 元/m² = 15.64 元/m²

50 mm 厚 1:3 平面砂浆找平层的机械费(m²) = {[7.43 + (50 - 20) ÷ 5 × 1.75] ÷ 100} 元/m² = 0.18 元/m²

50 mm 厚 1:3 平面砂浆找平层的企业管理费(m²) = {[40.13 + (50 - 20) ÷ 5 × 8.31] ÷ 100} 元/m² = 0.90 元/m²

50 mm 厚 1:3 平面砂浆找平层的利润(m²) = {[91.36 + (50 - 20) ÷ 5 × 18.92] ÷ 100} 元/m² = 2.05 元/m²

园路步行道的合价 = C15 混凝土垫层的工程量 × C15 混凝土垫层的综合单价 +
灰土垫层的工程量 × 灰土垫层的综合单价 +
平面砂浆找平层的工程量 × 平面砂浆找平层的综合单价 +
园路路面的工程量 × 园路路面的综合单价
= [4.99 × (54.51 + 334.93 + 0.25 + 4.63 + 10.54) + 14.98 ×
(79.84 + 56.82 + 4.18 + 6.12 + 13.90) + 92.16 ×
(22.94 + 15.64 + 0.18 + 0.90 + 2.05) + 92.16 × (20.96 +
24.67 + 0.10 + 2.43 + 5.54)]元
= 13 222.92 元

则

$$园路的综合单价 = \frac{园路的合价}{园路的清单工程量} = \frac{13\ 222.92}{92.16}元/m^2 = 143.48\ 元/m^2$$

第三步,根据2020《××省工程量清单计价定额》(见表4.4)计算材料消耗量及材料费明细,填入"工程量清单综合单价分析表"(见表4.5)。

材料消耗量:

标准砖消耗量 = 园路面层中标砖消耗量 = (0.36×92.16÷10)千匹 = 3.32 千匹

水的消耗量 = C15混凝土垫层用水量 + 灰土垫层用水量 + 平面水泥砂浆找平层用水量 + 园路面层用水量

$$= [2.4×4.99÷10 + 2.02×14.98÷10 + (1.206+6×0.153)×92.16÷100 +$$
$$0.099×92.16÷10]m^3 = 7.09\ m^3$$

其他材料消耗量 = C15混凝土垫层其他材料费 + 园路面层其他材料费

$$= (9.56×4.99÷10 + 1.25×92.16÷10)元 = 16.29\ 元$$

商品混凝土消耗量 = C15混凝土垫层中商品混凝土消耗量 = (10.1×4.99÷10) m^3
$$= 5.04\ m^3$$

灰土消耗量 = 灰土垫层中灰土消耗量 = (10.1×14.98÷10)m^3 = 15.13 m^3

其中

生石灰消耗量 = (2 969.4×14.98+10) kg = 4 448.16 kg

普通土消耗量 = (11.716×14.98÷10)m^3 = 17.55 m^3

水泥砂浆(中砂)消耗量

= 平面砂浆找平层中水泥砂浆消耗量 + 路面面层水泥砂浆消耗量

$$= [(2.02+6×0.51)×92.16÷100 + 0.33×92.16÷10]m^3 = 7.72\ m^3$$

其中

水泥32.5消耗量 = $[(892.84+6×225.42)×92.16÷100 + 145.86×92.16÷10]kg$
$$= 3\ 413.56\ kg$$

特细砂消耗量 = $[(2.384+6×0.602)×92.16÷100 + 0.389×92.16÷10]m^3 = 9.11\ m^3$

用各材料消耗量乘以材料单价,计算得到合价,将计算结果填入表4.5。

第四步,计算定额人工费合价。

园路步行道的定额人工费合价

$$= C15混凝土垫层的工程量×C15混凝土垫层的定额人工费单价 +$$
$$灰土垫层的工程量×灰土垫层的定额人工费单价 +$$
$$平面砂浆找平层的工程量×平面砂浆找平层的定额人工费单价 +$$
$$园路路面的工程量×园路路面的定额人工费单价$$
$$= (4.99×54.51 + 14.98×79.84 + 92.16×22.94 + 92.16×20.96)元$$
$$= 5\ 513.83\ 元$$

(3)重新计算工程量组价　重新计算工程量组价,是指按照计量规范计算出的清单工程量,与所用的计价定额工程量计算规则不同。通常表现为某一分部分项工程的清单工程量的单位与计价定额中综合单价的单位不同,如现浇混凝土台阶的清单工程量按水平投影面积以 m^2 计量,而其相应定额中的综合单价为××元/ m^3,此时需要按定额的计算规则重新计算工程量来计算综合单价。

①特点:

a. 内容比较复杂;

b. 计价规范与所使用定额中计量单位或工程量计算规则不相同。

②组价方法:

第一步:重新计算定额工程量。即根据所使用定额中的工程量计算规则计算定额工程量。

第二步:求清单综合单价。由于定额工程量与定额基价单位统一,二者可直接相乘得到该项目合价,即

$$合价 = 定额工程量 \times 定额基价 = 清单工程量 \times 清单综合单价$$

则

$$清单综合单价 = \frac{定额工程量 \times 定额基价}{清单工程量}$$

式中:

定额工程量,指根据所使用定额中的工程量计算规则计算的工程量。

清单工程量,指根据计量规范计算出来的工程量,即工程量清单中给定的工程量。

第三步:再用该方法与人工费调整系数,或材料市场价格对定额人工费、定额材料费做出调整。即

$$清单人工费 = \frac{定额工程量 \times 定额人工费}{清单工程量} \times (1 + 人工费调整系数)$$

$$清单某种材料费 = \frac{定额工程量 \times 定额材料消耗量 \times 该材料市场价格}{清单工程量}$$

【例4.3】 计算××园林工程现浇C15混凝土(特细砂)坡道的综合单价,已知该坡道清单工程量为24.00 m²,厚度100 mm。

【解】 根据计量规范的规定,现浇混凝土坡道项目计量单位为m²,可如表4.6所示AE0097混凝土坡道定额,其定额的单位是体积单位m³,与规范单位不同,所以应重新计算工程量。其步骤如下:

第一步:求定额工程量。

××园林工程现浇C15混凝土坡道清单工程量为24.00 m²,坡道的厚度为100 mm。则其定额工程量为$24 \times 0.1 \, m^3 = 2.4 \, m^3$

第二步:求调整人工费后的定额基价。

如表4.6所示,2020年《××省建设工程工程量清单计价定额——房屋建筑与装饰工程》现浇混凝土其他构件项目中只有强度等级为C20的坡道定额,因此除了需要重新计算定额工程量外,还需要进行定额的换算,即把AE0097中的C20混凝土换为C15混凝土,如表4.6所示配合比定额YA0135。换算公式为:

$$换算后的基价 = 原基价 + 材料用量 \times (换入的材料单价 - 换出的材料单价)$$

计算过程如下:

C15现浇混凝土坡道的定额基价

$= $C20现浇混凝土坡道的定额基价 + 混凝土的用量×

(C15混凝土的单价 - C20混凝土的单价)

$= [4\,155.57 + 10.15 \times (258.40 - 272.70)]$元$/10 \, m^3 = 4\,010.43$元$/10 \, m^3$

考虑人工费调整系数10.55%,调整基价。

表 4.6　AE0097、YA0135 定额

定额编号			AE0097	YA0135
项　目			现浇混凝土 散水、坡道(特细砂) C20(单位:10 m³)	塑性混凝土(特细砂)砾石最大粒径:40 mm C15(单位:m³)
综合单价			4 155.57	258.40
其中	人工费		908.88	—
	材料费		2 803.03	258.40
	机械费		70.51	—
	管理费		113.61	—
	利　润		259.54	—
名　称	单位	单价/元	数　量	
材料	C20 塑性混凝土(特细砂)砾石最大粒径:40 mm	m³	272.70	10.150	—
	水泥	kg	0.4	(3 319.050)	277.00
	特细砂	m³	110.00	(3.959)	0.460
	砾石	m³	100.00	(10.049)	0.970
	水	m³	2.80	12.179	(0.190)
	其他材料费	元		1.020	—

调整后的 C15 现浇混凝土坡道的定额基价 = (4 010.43 + 908.88 × 10.55%)元/10 m³

$$= 4\ 106.32\ 元/10\ m^3$$

第三步,计算清单综合单价。

C15 现浇混凝土坡道的清单综合单价

$$= \frac{调整后的\ C15\ 现浇混凝土坡道的定额基价 × 定额工程量}{清单工程量}$$

$$= \frac{4\ 106.32 + 10 × 2.4}{24} 元/m^2 = 41.06\ 元/m^2$$

4.1.3　分部分项工程费计算

分部分项工程费 $= \sum$（工程量×综合单价）

其中:工程量见"清单工程量计算表"中计算出的清单工程量(表 3.19),综合单价举例见"工程量清单综合单价分析表"(表 4.2、表 4.5)的单价。计算结果见"分部分项工程清单与计价表"(表 4.11)。

例如:如表 4.11 所示,序号 14,步行道。

工程量见"清单工程量计算表"(表 3.19)序号 14,工程量为 92.16 m²;综合单价如表 4.5 所示,为 137.77 元/m²;如表 4.4 所示,及定额册说明,计算定额人工费的合价。

分部分项工程费 = 92.16 × 137.77 元 = 12 696.88 元

定额人工费合价

$$= C15 \text{ 混凝土垫层的工程量} \times C15 \text{ 混凝土垫层的定额人工费单价} +$$
$$灰土垫层的工程量 \times 灰土垫层的定额人工费单价 +$$
$$平面砂浆找平层的工程量 \times 平面砂浆找平层的定额人工费单价 +$$
$$园路路面的工程量 \times 园路路面的定额人工费单价$$
$$= 4.99 \times 49.31 + 14.98 \times 72.22 + 92.16 \times 20.75 + 92.16 \times 18.96 \text{ 元}$$
$$= 4 987.59 \text{ 元}$$

又如:如表 4.11 所示,序号 28,水池 1 混凝土垫层。

工程量见"清单工程量计算表"(表 3.19)序号 28,工程量为 0.83 m³;综合单价如表 4.2 所示,为 522.11 元/m³;定额人工费单价如表 4.1 所示,为 45.42 元/m³。

$$分部分项工程费 = 0.83 \times 522.11 \text{ 元} = 433.35 \text{ 元}$$
$$定额人工费 = 0.83 \times 45.42 \text{ 元} = 37.69 \text{ 元}$$

逐项计算完成后进行汇总,汇总后的分部分项工程费(如表 4.11 最后一栏所示)是 930 586.76 元,其中定额人工费是 49 219.37 元、定额机械费是 800.26 元(为便于后面计算总价措施项目费和规费,计算分部分项工程费的同时要计算出相应的定额人工费、定额机械费)。

4.2 措施项目费计算

4.2 微课

措施项目费包括单价措施项目费和总价措施项目费。

4.2.1 单价措施项目费

园林工程的单价措施项目包括:脚手架费、垂直运输费、混凝土模板及支架(撑)费、树木支撑架、草绳绕树干、搭设遮阴(防寒)棚工程费、围堰、排水工程费等。单价措施项目费按工程量乘以综合单价计算。即

$$单价措施项目费 = \sum (工程量 \times 综合单价)$$

1)脚手架费

脚手架计量的工作内容包括场内、场外材料搬运、搭拆脚手架、斜道、上料平台、铺设安全网,以及拆除脚手架后对材料的分类堆放和保养。

(1)砌筑脚手架 是指砌筑各种墙、柱所用的脚手架。除基础砌砖不计砌筑脚手架外,凡砌筑各种墙、柱及地沟,高度在 1.5 m 以上者,均须计算砌筑脚手架。计算砌筑脚手架工程量时,门窗洞口及空圈洞口(包括通过建筑物的通道)等所占面积均不予扣除。

砌筑墙体的脚手架清单工程量的计算公式为：

$$S = H_墙 \times L_墙$$

式中　S——砌筑脚手架工程量；$H_墙$——砌筑墙体高度（硬山建筑的山墙高度算至山尖）；

　　　　$L_墙$——砌筑墙体长度。

【例4.4】　请计算××住宅庭院施工图景墙脚手架工程量（附录1、图 JQ-04）。

【解】

$$S_{景墙脚手架} = H_{景墙} \times L_{景墙} = (2.5 \times 5)\text{m}^2 = 12.50\ \text{m}^2$$

砌筑独立砖石柱时，其脚手架工程量的计算公式为：

当 $H_柱 < 3.6$ m，　　　　　　　　$S = 2 \times (a + b) \times H_柱$

当 $H_柱 \geqslant 3.6$ m，　　　　　　　$S = [2 \times (a + b) + 3.6] \times H_柱$

式中　S——砌筑脚手架工程量；a,b——柱断面尺寸；$H_柱$——柱高。

砌筑脚手架一般包括外脚手架和里脚手架两种。在相关定额中，外脚手架又分为单排脚手架和双排脚手架两种，每种脚手架又按墙高不同划分为若干子目，以适应各种不同情况的需要。

（2）抹灰脚手架　即装饰脚手架。按规定，内墙面抹灰除下列情况，不单独计算脚手架：高度超过3.6 m的内墙面装饰不能利用原砌筑脚手架时，可计算装饰脚手架。

根据规范，抹灰脚手架的工程量计算公式为：

$$S = H_抹 \times L_墙$$

式中　S——抹灰脚手架工程量；$H_抹$——抹灰墙面高度（硬山建筑的山墙高度算至山尖）；

　　　　$L_墙$——抹灰墙体长度。

计算独立砖石柱的抹灰脚手架工程量时，其计算公式为：

当 $H_柱 < 3.6$ m，　　　　　　　　$S = 2 \times (a + b) \times H_柱$

当 $H_柱 \geqslant 3.6$ m，　　　　　　　$S = [2 \times (a + b) + 3.6] \times H_柱$

式中　S——抹灰脚手架工程量；a,b——柱断面尺寸；$H_柱$——柱高。

（3）亭脚手架　在规范中，"亭脚手架"有两种工程量计算规则可供选择：

①以座计算，按设计图示以数量计算。

②以 m^2 计量，按亭子的建筑面积计算。

可以根据拟建工程的特点进行选择。同时项目特征中，需要描述拟建建筑的檐口高度，即设计室外地坪至檐口滴水的高度（平屋顶建筑指设计室外地坪至屋面板板底的高度）。

（4）满堂脚手架　是指一种在水平方向满铺搭设脚手架的施工工艺。按搭设的地面主墙间尺寸以面积计算。

（5）堆砌（塑）假山脚手架　是指为堆砌（塑）假山而搭设的脚手架，按砌（塑）假山外围水平投影最大矩形面积计算。

（6）桥身脚手架　桥身脚手架按桥基础底面至桥面平均高度乘以河道两侧宽度以面积计算。

（7）斜道　是指供施工人员上下脚手架的坡道，通常搭附于脚手架旁。按搭设数量以"座"计算工程量。

2）模板及支架工程费

模板及支架的工程费包括模板的制作、安装、拆除、清理、刷润滑剂、材料运输等。其工程量的计算方式按现浇混凝土构件的类型不同，划分为以下几种情况：

（1）只能按混凝土与模板接触面积以"m²"计量　适用于现浇的混凝土垫层、路面、路牙、树池围牙、花架梁等。

（2）既可以按混凝土与模板接触面积以"m²"计量，也可以按设计图示数量以"个"计量　当同一个分部分项工程有两个或两个以上计量单位的，应根据拟建工程的实际情况，确定其中一个为计量单位，但同一工程项目的计量单位应一致。适用于现浇混凝土花池、飞来椅、桌凳等。

（3）按拱券石、石券脸弧形底面展开尺寸以"m²"计算　适用于石桥拱券石、石券脸胎架等。

3）垂直运输费

垂直运输费工程量的计算规则跟园林绿化工程的建筑形式有关。

①现浇混凝土结构建筑物及其他结构建筑物的垂直运输机械工程量按设计图示建筑面积以"m²"计算，或按合同总日历天数以"天"计算。

日历天数系指按国家发布的工期定额计算的正常工期。垂直运输机械费按日历天数乘以设备租金计算。

$$垂直运输费 = \sum（日历天数 \times 相应设备租金）$$

②纪念及观赏性景观项目的垂直运输机械工程量按合同总日历天数以"天"计算。

③垂直绿化项目的垂直运输机械工程量按垂直绿化长度以延长米计算，或按垂直绿化项目整体数量以"项"计算。

4）树木支撑架、草绳绕树干、搭设遮阴（防寒）棚工程费

（1）树木支撑架　由于一些新栽苗木根系尚未扎深，极易摇晃甚至被风吹倒，因此需要树木杆来进行支撑。主要起到稳定树干，有利于新根生长的作用。在计算其费用时包含的工作内容有制作、运输、安装、维护。其工程量计算方法为按设计图示数量以"株"计算。

（2）草绳绕树干　为避免植株能够在严寒季节安全越冬，同时也为避免植株里的水分大量蒸发导致在运输过程中受伤，对于一些珍贵树种或风力较大的季节，需要对植株进行"草绳绕树干"保护。在计算"草绳绕树干"费用时包含的工作内容有搬运、绕杆、余料清理、养护期后清除。其工程量计算方法为按设计图示数量以"株"计算。

（3）搭设遮阴（防寒）棚　在高温或低温天气下对新种植名贵树种需要采取搭设遮阴（防寒）棚的保护措施。在计算其费用时包含的工作内容有制作、运输、搭设、维护、养护期后清除等。其工程量计算方法为按遮阴（防寒）棚外围覆盖层的展开尺寸以"m²"计算。

（4）反季节栽植影响措施　是指因反季节栽植在增加材料、人工、防护、养护、管理等方面采取的种植措施及保证成活率措施发生的费用。其工程量按措施项目数量计算，如修剪摘叶费用、遮阳棚费用、增加人工喷雾费用、增加生根剂处理费用等。

5）围堰、排水工程费

（1）围堰　围堰是在水中施工时，围绕基坑（槽）修建的临时性构筑物。除作为正式建筑物的一部分外，围堰一般在用完后拆除。通常使用能防渗及保持稳定的土、石、混凝土、木（竹）笼或钢（木）板桩等材料。围堰建成后，将其内的水抽干，使工程在干涸的情况下进行。围堰高度高于施工期内可能出现的最高水位。其工程费用计算的工作内容包括取土、装土、堆筑围堰、拆除、清理围堰、材料运输等。围堰工程量的计算按围堰断面面积乘以堤顶中心线长度以"m³"计算，或按围堰堤顶中心线长度以延长米计算。

（2）排水　施工排水是指将施工期间有碍施工作业和影响工程质量的水,排到施工场地以外。其工程量计算规则有三种,可根据拟建工程的特点进行选择：

①按需要排水量以"m^3"计算,围堰排水按堰内水面面积乘以平均水深计算；

②按需要排水日历天以"天"计算；

③按水泵排水工作台班以"台班"计算。

4.2.2　总价措施项目费

总价措施项目费包括安全文明施工费(包括环境保护费、文明施工费、安全施工费、临时设施费)、夜间施工增加费、二次搬运费、冬雨季施工增加费、已完工程及设备保护费、工程定位复测费等。

总价措施项目费的计算公式为：

$$总价措施项目费 = 计算基数 \times 费率$$

1）计算基数

总价措施项目费的计算基数可以是人工费,也可以是定额人工费与定额机械费之和,应以建设行政主管部门造价管理的具体规定为准,即

$$总价措施项目费 = 定额人工费 \times 费率$$

$$或$$

$$总价措施项目费 = (定额人工费 + 定额机械费) \times 费率$$

2）费率

根据我国目前的实际情况,总价措施费的费率有按行政主管部门规定计算和企业自行确定两种情况。

（1）按行政主管部门规定计算　为防止建筑市场的恶性竞争,确保安全生产、文明施工,以及安全文明施工措施的落实到位,切实改善施工从业人员的作业条件和生产环境,防止安全事故发生,安全文明施工费为"不可竞争费",所以安全文明施工费费率由建设行政主管部门规定。

某地区建设行政主管部门规定,园林工程的总价措施费费率如表4.7所示。

表4.7　园林工程的总价措施费费率

序号	项目名称		计算基础	费率（%）	
				一般计税法	简易计税法
一	安全文明施工费	环境保护费	分部分项工程及单价措施项目(定额人工费+定额机械费)	0.55	0.57
		文明施工费		1.35	1.36
		安全施工费		2.10	2.20
		临时设施费		3.35	3.53
二	夜间施工费			0.48	0.49
三	二次搬运费			0.23	0.24
四	冬雨季施工费			0.36	0.37
五	工程定位复测费			0.09	0.10

安全文明施工费,即环境保护费、文明施工费、安全施工费、临时设施费四项之和,为"不可竞争费"。

××住宅庭院园林工程总价措施费计算结果如表4.12所示。

(2)企业自行确定　企业根据自己的情况并结合工程实际自行确定部分总价措施费的计算费率(安全文明施工费除外),包括夜间施工费、二次搬运费、冬雨季施工费、工程定位复测费等。

措施费本应是市场竞争费用,待我国建筑市场竞争秩序逐步走上正轨后,措施费都应由企业自行确定。

4.3　其他项目费计算

4.3 微课

其他项目费包括暂列金额、暂估价、计日工和总承包服务费四部分。它是招标过程中出现的费用,在编制标底或投标报价时计算,在竣工结算时没有其他项目费,因为这些费用将分散计入相关费用中。××住宅庭院园林工程其他项目费计算结果如表4.13所示。

4.3.1　暂列金额

暂列金额即预留金,指招标人在工程量清单中暂定并包括在合同价款中的一笔款项,用于工程合同签订时尚未确定或不可预见的所需材料、工程设备、服务的采购,施工中可能发生的工程变更、合同约定调整因素出现时的合同价款调整以及发生的索赔、现场签证确认等的费用。计价规范规定按分部分项工程费的10%～15%计算,有的地区规定按总造价的5%计算。在工程实践中,暂列金额的计算费率,由招标人根据工程的具体实际情况确定,在计算招标控制价或投标报价时,招标人或投标人可根据下列公式计算:

$$暂列金额 = 分部分项工程费 × 费率$$
$$或$$
$$暂列金额 = 单位工程总造价 × 费率$$

计算实例如表4.14所示。

4.3.2　暂估价

暂估价是指招标人在工程量清单中提供的用于支付必然发生但暂时不能确定价格的材料、工程设备的单价以及专业工程的金额,包括材料暂估价和专业工程暂估价两部分。

1)材料暂估价

材料暂估价不计算具体金额,只列出"材料暂估价表",如表4.15所示。材料暂估价表中的材料费计入"分部分项工程费"。

材料暂估价表中的材料单价由招标人在工程量清单中直接给出,要求投标人在投标报价时按该表中所列出的材料单价计入分部分项工程费,结算时这些材料根据实际单价调整结算时的"分部分项工程费"。

比如:××住宅庭院园林工程"水池2压顶400 mm×260 mm×100 mm青石板"的材料暂估价为60元/m²,材料耗用量10.30 m²,假如实际单价为65元/m²,则在结算时调整价为10.3×(65−60)元 = −51.50元,即增加51.50元,若实际单价为58元/m²则在结算时调整价为

$10.3 \times (65 - 58)$ 元 $= 20.60$ 元，即减少 20.60 元。

2）专业工程暂估价

专业工程暂估价是指需要单独资质的工程项目（参见第 1 章相关内容），实行专业工程暂估，这些项目由招标人另行分包。投标人在投标报价时按该价计入报价中。

$$专业工程暂估价 = \sum（工程量 \times 工程单价）$$

计算实例如表 4.16 所示。

4.3.3　计日工

计日工是指在施工过程中，承包人完成发包人提出的工程合同范围以外的零星项目或工作，按合同中约定的单价计价的一种方式。零星工作费在工程竣工结算时按实际完成的工程量所需费用结算。计算方法是

$$人工费 = \sum（人工工日数 \times 人工单价）$$

$$材料费 = \sum（材料数量 \times 材料单价）$$

$$机械费 = \sum（机械台班数 \times 台班单价）$$

计算实例如表 4.17 所示。

4.3.4　总承包服务费

总承包服务费是指投标人配合协调招标人分包工程和招标人采购材料（即"甲供材料"）所发生的费用。即

$$总承包服务费 = 分包工程配合协调费 + 甲供材料配合协调费$$

1）分包工程配合协调费

对于工程分包，总包单位应计算分包工程的配合协调费，费用包括分包工程的施工现场协调和统一管理、对竣工资料进行统一汇总整理，以及分包工程需要的脚手架、用水用电等费用。

当招标人仅要求总承包人对其发包专业工程进行施工现场协调和统一管理、对竣工资料进行统一汇总整理等服务时，总承包服务费可按发包的专业工程估价的 1.5% 计算。

当招标人要求总承包人对其发包专业工程既进行施工现场管理协调，又要求提供相应配套服务时（如分包工程需要的脚手架、用水用电等），总承包服务费可按发包的专业工程估价的 1%~3% 计算，即

$$工程分包配合协调费 = 分包工程造价 \times 费率$$

计算实例如表 4.18 所示。

2）甲供材料配合协调费

对于甲供材料，总包单位应计算甲方采购材料的协调配合费用，费用包括材料的卸车费、市内短途运输费和材料的工地保管费等。甲供材料的配合协调费可按甲供材料费用的 1% 计算。即

$$甲供材料配合协调费 = 甲供材料费 \times 费率$$

计算实例如表 4.18 所示。

4.4 微课

4.4　规费及税金计算

4.4.1　规费计算

规费包括社会保障费(医疗保险费、失业保险费、医疗保险费、工伤保险费、生育保险费)、住房公积金、工程排污费。规费按当地有关建设行政主管部门的规定计算。

某地区2020定额规费按照企业资质划分为四档(表4.8)。

表4.8　某地区2020定额规费

Ⅰ档	房屋建筑工程施工总承包特级	分部分项工程及单价措施项目(定额人工费)	9.34%
	市政公用工程施工总承包特级		
Ⅱ档	房屋建筑工程施工总承包一级		8.36%
	市政公用工程施工总承包一级		
Ⅲ档	房屋建筑工程施工总承包二、三级		6.58%
	市政公用工程施工总承包二、三级		
Ⅳ档	施工专业承包		4.80%
	劳务分包资质		

需注意:

①使用国有资金投资的建设工程,编制设计概算、施工图预算、招标控制价(最高投标限价、标底)时,规费按Ⅰ档费率计算。

②投标人投标报价按招标人在招标文件中公布的招标控制价(最高投标限价)的规费金额填写,计入工程造价。

③在发、承包双方签订承包合同和办理竣工结算时,无资质企业,规费费率按下限计取;同一承包人有多种资质,规费费率按最高资质对应的费率计取。

4.4.2　税金计算

根据我国现行税法规定,建筑安装工程的税金包括增值税和附加税。现行税金率如下:

(1)增值税(一般计税法)

$$销项税额 = 税前不含税工程造价 \times 销项增值税税率9\%$$

(2)附加税　附加税包括城市维护建设税、教育费附加、地方教育附加三个部分。

编制招标控制价(最高投标限价、标底)、投标报价时,招标人按税前不含税工程造价×综合附加税率计算。

$$附加税 = 税前不含税工程造价 \times 0.313\% \quad (工程在市区)$$

$$附加税 = 税前不含税工程造价 \times 0.261\% \quad (工程在县、镇)$$

$$附加税 = 税前不含税工程造价 \times 0.157\% \quad (工程不在市区、县、镇)$$

编制竣工结算时,按合同约定的方式计算。

税前不含税工程造价 = 分部分项工程费 + 措施项目费 + 其他项目费 + 规费

税金计算实例见表4.9。

4.4.3 工程总费用计算

单位工程费 = 分部分项工程费 + 措施项目费 + 其他项目费 + 规费 + 税金

计算实例如表4.10所示。

4.4.4 封面

工程总费用计算完成之后,应书写封面。封面应按计价规范的要求格式书写,见4.5实例。

4.5 园林工程费用计算实例

为便于理解和掌握园林工程费用计算的基本知识和基本方法,下面以"××住宅庭院园林工程"为例,介绍该工程编制"招标控制价"的基本方法。

费用计算依据如下:

①××住宅庭院园林工程施工图(参见附录4)。

②《园林绿化工程工程量计算规范》(GB 50858—2013)(参见附录2)、《房屋建筑与装饰工程工程量计算规范》(GB 50854—2013)(参见附录3)、《建设工程工程量清单计价规范》(GB 50500—2013)(参见附录1)。

③2020年《××省建设工程工程量清单计价定额》。

单体—亭　　单体—汀步　　单体—水池　　单体—铺装1　　单体—铺装2

单体—景墙　　单体—花架　　单体—雕塑　　单体—步行道　　景墙拆解　　庭院漫游动画

××住宅庭院园林工程

招标控制价

招　标　人：＿＿＿＿＿＿＿＿＿＿＿＿＿＿
（单位盖章）

造价咨询人：＿＿＿＿＿＿＿＿＿＿＿＿＿＿
（单位盖章）

2020 年 6 月 2 日

××住宅庭院园林工程

招标控制价

招标控制价（小写）：＿＿＿＿＿＿1 123 542.12 元＿＿＿＿＿＿

（大写）：＿＿壹佰壹拾贰万叁仟伍佰肆拾贰元壹角贰分整＿＿

招　标　人：＿＿××公司＿＿　　造价咨询人：＿＿＿＿＿＿＿＿

　　　　　　（单位盖章）　　　　　　　　　　　　（单位资质专用章）

法定代表人　　　　　　　　　　法定代表人

或其授权人：＿＿＿＿＿＿＿＿　或其授权人：＿＿＿＿＿＿＿＿

　　　　　　（签字或盖章）　　　　　　　　　　　　（签字或盖章）

编　制　人：＿＿＿＿＿＿＿＿　复　核　人：＿＿＿＿＿＿＿＿

　　　　（造价人员签字盖专用章）　　　　　　（造价工程师签字盖专用章）

编制时间：2020 年 6 月 2 日　　复核时间：　　年　月　日

表4.9　总说明

工程名称：××住宅庭院园林工程　　　　　　　　　　　　　　　　第1页　共1页

1.工程概况

该住宅庭院园林工程项目位于四川省成都市,总设计面积558.34平方米。庭院用地红线内园林景观及附属工程包括步行道、铺装、汀步、景墙、水景、钓鱼亭、花架、雕塑、菜地种植池、植物。施工现场交通运输方便,周围环境保护无特殊要求。

2.工程量清单编制依据

(1)《建设工程工程量清单计价规范》(GB 50500—2013)(参见附录2)、《园林绿化工程工程量计算规范》(GB 50858—2013)(参见附录3)、《房屋建筑与装饰工程工程量计算规范》(GB 50854—2013)(参见附录4)

(2)××建筑设计研究院设计的××住宅庭院园林工程全套施工图(共29张)

(3)2020年《××省建设工程工程量清单计价定额》

3.工程质量、材料、施工等特殊要求

除图中单独标注外,所有混凝土均为C20商品混凝土,砂浆采用M7.5水泥砂浆,砖采用页岩标准砖。

4.暂估价

(1)材料暂估价:详"材料暂估价表"

(2)专业工程暂估价:详"专业工程暂估价表"

5.安全文明施工费及定额人工费、定额机械费

(1)安全文明施工费3 676.44元

(2)定额人工费49 219.36元。其中分部分项工程量清单定额人工费47 969.92元,单价措施项目清单定额人工费1 249.45元

(3)定额机械费800.26元。其中分部分项工程量清单定额机械费739.53元,单价措施项目清单定额机械费60.73元

表4.10　单位工程招标控制价/投标报价汇总表

工程名称:××住宅庭院园林工程　　　　　　　　　　　　　　　　　　第1页　共1页

序号	汇总内容	金额/元	其中:暂估价/元
1	分部分项及单价措施项目	930 586.76	618.00
1.1	绿化工程	860 951.97	
1.2	园路工程	14 895.13	
1.3	景墙工程	9 399.18	
1.4	水池1	8 112.74	
1.5	水池2	11 542.27	
1.6	花架	10 537.53	
1.7	雕塑	584.06	
1.8	种植池	4 295.04	
1.9	钓鱼亭	5 892.03	
1.10	单价措施项目	4 377.29	649.9
2	总价措施项目	3 971.56	—
2.1	其中:安全文明施工费	3 676.44	—
3	其他项目	92 637.29	—
3.1	其中:暂列金额	92 620.95	—
3.2	其中:专业工程暂估价		—
3.3	其中:计日工		—
3.4	其中:总承包服务费	16.34	—
4	规费	4 597.09	—
5	税金	95 720.98	—
	招标控制价合计 = 1 + 2 + 3 + 4 + 5	1 123 542.12	

注:本表适用于单位工程招标控制价或投标报价的汇总,如无单位工程划分,单项工程也使用本表汇总。

表4.11　分部分项工程和单价措施项目清单与计价表

工程名称：××住宅庭院园林工程

C	项目编码	项目名称	项目特征描述	计量单位	工程量	综合单价	金额/元		
							合价	定额人工费	定额机械费	暂估价
一		绿地整理								
1	050101010001	整理绿化用地	回填土质要求：原土回填	m²	353.63	4.38	1 547.63	905.29	0	
二		栽植花木								
2	050102003001	栽植凤尾竹	H3 m,1 m²/丛,根盘丛径30 cm	丛	37	406.26	14 970.57	139.12	0	
3	050102003001	栽植红皮云杉	φ50 cm,H12 m,土球直径400 cm	株	1	25 639.64	25 518.66	274.95	304.55	
4	050102001001	栽植国槐	φ10 cm,H7 m,土球直径80 cm	株	5	6 084.39	30 336.75	193.60	54.05	
5	050102001002	栽植合欢	φ16 cm,H4 m,土球直径128 cm	株	6	12 344.18	721 635.06	977.28	165.96	
6	050102001003	栽植大叶女贞	φ8 cm,H2.5m,土球直径64 cm	株	7	3 284.39	22 871.45	271.04	0	
7	050102001004	栽植小叶黄杨	P40 cm,H80 cm,20株/m²,土球直径13 cm	m²	13.53	84.86	1 130.84	39.37	0	
8	050102002001	栽植金叶女贞	P30 cm,H60 cm,25株/m²,土球直径10 cm	m²	16.89	94.86	1 580.57	49.15	0	
9	050102002002	栽植红花檵木	P40 cm,H100 cm,25株/m²,土球直径13 cm	m²	8.72	94.86	816.02	25.38	0	

表 4.11　分部分项工程和单价措施项目清单与计价表

工程名称：×住宅庭院园林工程

C	项目编码	项目名称	项目特征描述	计量单位	工程量	综合单价	合价	定额人工费	定额机械费	暂估价
10	05010200 2003	栽植紫叶小檗	P25 cm,H40 cm,20 株/m²,土球直径 8 cm	m²	43.75	94.86	4 094.13	127.31	0	
11	05010200 2004	栽植瓜叶菊	H25 cm,300 株/m²	m²	2.03	174.90	291.49	144.43	0	
12	05010200 8001	栽植芍药	H40 cm,15 株/m²	m²	2.28	181.81	342.59	163.48	0	
13	05010200 8002	铺种四季青草皮	铺种草皮,满铺	m²	208.78	230.00	35 816.21	27 736.42	0	
		分部小计					860 951.97	31 046.82	524.56	
三		园路工程								
14	05020100 1001	园路-步行道	1. 路床土石类别：三类土 2. 垫层厚度、宽度、材料种类：50 mm厚 C15 混凝土垫层,150 mm厚 3:7 灰土垫层 3. 路面厚度、宽度、材料种类：100 mm厚,1 200 mm宽,透水砖	m²	92.16	137.77	12 696.88	4 987.59	89.68	
15	05020100 1002	园路-铺装 1	1. 路床土石类别：三类土 2. 垫层厚度、宽度、材料种类：50 mm厚 C15 混凝土垫层 3. 路面厚度、宽度、材料种类：100 mm厚 C15 混凝土,80 mm厚,瓷质砖 4. 砂浆强度等级:30 mm厚 1:3 水泥砂浆	m²	3.44	170.67	587.10	155.25	0.03	

表 4.11 分部分项工程和单价措施项目清单与计价表

工程名称：××住宅庭院园林工程

C	项目编码	项目名称	项目特征描述	计量单位	工程量	综合单价	合价	金额/元 定额人工费	其中 定额机械费	暂估价
16	05020100 1003	园路-铺装 2	1. 路床土石类别：三类土 2. 垫层厚度、宽度、材料种类：50 mm厚 C15 混凝土垫层 3. 路面厚度、宽度、材料种类：100 mm 厚 C15 混凝土,60 mm 厚,水泥广场砖 4. 砂浆强度等级：1:3水泥砂浆	m²	3.8	138.09	524.75	147.71	0.19	
17	05020101 3001	石汀步 1	石料种类、规格：400 mm×800 mm×100 mm青石板	m³	0.32	1 696.04	542.73	113.92	0.01	
18	05020101 3002	石汀步 2	石料种类、规格：600 mm×300 mm×100 mm青石板	m³	0.11	1 696.04	186.56	39.16	0.00	
19	01050100 1001	混凝土垫层-汀步 1,2	1. 混凝土种类：商品混凝土 2. 混凝土强度等级：C15	m³	0.64	442.68	283.32	17.40	0.16	
20	01110100 6003	平面砂浆找平层 20 mm	1. 找平层厚度：20 mm 2. 砂浆配合比：1:3水泥砂浆	m²	4.28	17.24	73.78	27.91	0.30	
			分部小计				14 895.13	5 488.94	90.37	

表 4.11 分部分项工程和单价措施项目清单与计价表

工程名称：××住宅庭院园林工程

C	项目编码	项目名称	项目特征描述	计量单位	工程量	综合单价	合价	定额人工费	定额机械费	暂估价
								金额/元		
									其中	
四		景墙								
21	010103001001	土方回填	1.密实度要求:夯填 2.填方来源运距:原土回填,100 m	m³	0.64	19.61	12.55	8.06	2.83	
22	010103002001	余方弃置	弃土运距:8 km	m³	0.95	13.96	13.26	1.55	1.38	
23	050307010001	景墙	1.土质类别:三类土 2.垫层材料种类:180 mm 厚碎石垫层,150 mm 厚 C15 混凝土垫层 3.基础材料种类:规格:C30 特细砂混凝土 4.墙体材料种类:规格:C30 特细砂混凝土 5.墙体厚度:115 mm 6.砂浆强度等级:配合比:1:2水泥砂浆 7.饰面材料种类:灰色面砖	m³	6.81	1 345.97	9 166.08	1 314.18	30.44	
24	011102001001	石材楼地面-压顶	面层材料种类、规格:300 mm×240 mm×50 mm 芝麻白烧毛面花岗石	m²	1.20	172.75	207.30	42.72	0.07	
			分部小计				9 399.18	1 366.51	34.72	

表 4.11　分部分项工程和单价措施项目清单与计价表

工程名称：××住宅庭院园林工程

C	项目编码	项目名称	项目特征描述	计量单位	工程量	综合单价	合价	金额/元 定额人工费	其中 定额机械费	暂估价
五		水池 1								
25	010101004001	挖基坑土方	1. 土壤类别：三类土 2. 挖土深度：0.25 m 3. 弃土运距：100 m	m³	2.31	51.66	119.33	56.11	8.94	
26	010103001002	土方回填	1. 密实度要求：夯填 2. 填方来源运距：原土回填，100 m	m³	1.05	21.88	22.97	13.22	4.64	
27	010103002002	余方弃置	弃方运距：8 km	m³	1.26	19.61	24.71	15.86	1.83	
28	010501001002	混凝土垫层	1. 混凝土种类：商品混凝土 2. 混凝土强度等级：C15	m³	0.83	522.11	433.35	37.69	0.21	
29	010401012001	零星砌砖	1. 零星砌砖名称、部位：水池 2. 砖品种、规格、强度等级：MU15 页岩实心标砖，240 mm×115 mm×53 mm 3. 砂浆强度等级、配合比：M7.5 细砂水泥砂浆	m³	1.58	585.87	925.68	279.85	1.25	
30	011102001002	石材楼地面：压顶-黄色花岗石	石料种类、规格：400 mm×120 mm×80 mm黄色花岗石	m³	0.48	161.46	77.50	17.09	0.03	
31	011102001003	石材楼地面：压顶-芝麻白色花岗石	石料种类、规格：600 mm×200 mm×50 mm芝麻白花岗石	m³	1.18	172.42	203.46	42.01	0.07	

工程名称：××住宅庭院园林工程

表 4.11　分部分项工程和单价措施项目清单与计价表

C	项目编码	项目名称	项目特征描述	计量单位	工程量	综合单价	合价	金额/元 其中		暂估价
								定额人工费	定额机械费	
32	011101006004	平面砂浆找平层	1. 找平层厚度:10 mm 2. 砂浆配合比:1:2水泥砂浆	m²	4.96	14.86	73.71	17.16	0.35	
33	010904001001	楼地面卷材卷材防水	1. 卷材品种、规格、厚度:SBS 改性沥青防水卷材 2. 防水层数:一层 3. 反边高度:250 mm	m²	4.64	48.44	224.75	28.95	0.00	
34	011102001004	石材楼地面-水池1底面	1. 找平层厚度、砂浆配合比:10 mm 厚1:2水泥砂浆 2. 结合层厚度、砂浆配合比:15 mm 厚1:2水泥砂浆(中砂) 3. 面层材料品种、规格、颜色:200 mm ×200 mm×10 mm 黄色花岗石	m²	2.48	192.80	478.14	88.29	0.15	
35	011201004001	立面砂浆找平层	1. 基层类型:零星砌砖 2. 找平层砂浆厚度、配合比:10 mm 厚1:2水泥砂浆	m²	27.24	47.30	1 288.33	83.24	1.36	
36	010903001001	墙面卷材卷材防水	1. 卷材品种、规格、厚度:SBS 改性沥青防水卷材 2. 防水层数:一层	m²	6.91	57.30	395.92	47.40	0.00	
37	011204003001	块料墙面-花岗石	1. 墙体类型:直型墙 2. 面层材料品种、规格、颜色:500 mm ×150 mm×10 mm 黄色花岗石	m²	5.12	302.42	1 548.37	274.74	0.20	

表 4.11 分部分项工程和单价措施项目清单与计价表

工程名称：××住宅庭院园林工程

C	项目编码	项目名称	项目特征描述	计量单位	工程量	综合单价	合价	定额人工费	定额机械费	暂估价
38	011204003002	块料墙面-文化石	1. 墙体类型：直型墙 2. 面层材料品种、规格、颜色：400 mm×80 mm×10 mm 黄色文化石	m²	5.77	172.25	993.86	234.90	0.23	
39	011204003003	块料墙面-文化石	1. 墙体类型：直型墙 2. 面层材料品种、规格、颜色：800 mm×80 mm×10 mm 黄色文化石	m²	5.60	169.20	947.53	227.98	0.22	
40	031001006001	塑料给排水管	1. 安装部位：水池底部 2. 材质规格：PEX 3. 连接形式：粘接	m	9	21.92	197.24	37.08	0.27	
41	031003001001	螺纹阀门	1. 类型：外螺纹 2. 材质：钢 3. 规格：DN40	个	3	52.48	157.43	53.13	5.64	
		分部小计					8 112.27	1 554.70	25.39	
六		水池 2								
42	010101002001	挖一般土方	1. 土壤类别：三类土 2. 挖土深度：1.1 m 3. 弃土运距：100 m	m³	48.28	8.97	432.86	120.22	0.00	
43	010501001004	混凝土垫层	1. 混凝土种类：商品混凝土 2. 混凝土强度等级：C20	m³	8.78	373.33	3 277.81	195.88	2.20	
44	011101006004	平面砂浆找平层	1. 找平层厚度：20 mm 2. 砂浆配合比：1:2水泥砂浆	m²	87.78	16.05	1 408.52	517.9	6.14	

表4.11 分部分项工程和单价措施项目清单与计价表

工程名称：××住宅庭院园林工程

序号	项目编码	项目名称	项目特征描述	计量单位	工程量	综合单价	金额/元 合价	其中 定额人工费	定额机械费	暂估价
C										
45	010904001002	楼地面卷材防水	1.卷材品种、规格、厚度:SBS改性沥青防水卷材 2.防水层数:一层 3.反边高度:250 mm	m²	53.06	38.45	2 039.92	331.09	0.00	
46	010401012002	零星砌砖-水池2	1.砖品种名称、部位:水池 2.砖品种、规格、强度等级:MU15页岩实心标砖,240 mm×115 mm×53 mm 3.砂浆强度等级、配合比:M7.5细砂水泥砂浆	m³	3.19	540.67	1 724.74	565.01	2.52	
47	011201001	墙面一般抹灰	墙体类型:直型墙	m²	7.93	24.48	194.09	89.13	0.71	
48	011102001005	石材楼地面-压顶	面层材料种类、规格:400 mm×260 mm×100 mm青石板	m²	10.30	132.90	1 368.85	390.89	0.62	
49	010903001001	墙面卷材防水	1.卷材品种、规格、厚度:3 mm厚SBS改性沥青防水卷材 2.防水层数:一层	m²	27.76	39.46	1 095.48	190.71	0.00	
			分部小计				11 542.27	2 400.83	12.19	
七		花架								
50	010101004002	挖基坑土方（花架）	1.土壤类别:三类土 2.挖土深度0.4 m 3.弃土运距:100 m	m³	3.24	51.66	167.38	78.70	0.00	

表4.11 分部分项工程和单价措施项目清单与计价表

工程名称：××住宅庭院园林工程

C	项目编码	项目名称	项目特征描述	计量单位	工程量	综合单价	合价	金额/元		暂估价
								其中		
								定额人工费	定额机械费	
51	010103001003	土方回填	1.密实度要求:夯填 2.填方来源运距:原土回填,100 m	m³	2.48	10.72	26.57	13.84	4.49	
52	010103002003	余方弃置	弃土运距:8 km	m³	0.76	19.61	14.90	9.57	1.10	
53	010404001001	碎石垫层	垫层材料种类、配合比,厚度:100 mm 厚碎石	m³	0.72	105.76	76.15	18.82	0.55	
54	010501001005	混凝土垫层	1.混凝土种类:商品混凝土 2.混凝土强度等级:C20	m³	0.64	373.33	238.93	14.28	0.16	
55	050304004001	木花架柱、梁	1.柱、梁截面:200 mm×200 mm 2.连接方式:螺栓连接	m³	4.28	2 043.68	8 746.97	1 654.07	0.00	
56	010101004003	挖基坑土方（座凳）	1.土壤类别:三类土 2.挖土深度:0.35 m 3.弃土运距:100 m	m³	1.26	51.66	65.09	30.61	0.00	
57	010103001004	土方回填	1.密实度要求:夯填 2.填方来源运距:原土回填,100 m	m³	0.46	10.72	4.93	2.57	0.83	
58	010103002004	余方弃置	弃土运距:8 km	m³	0.8	19.61	15.69	10.07	1.16	
59	010404001002	碎石垫层（座凳）	垫层材料种类、配合比,厚度:100 mm 厚碎石	m³	0.36	105.76	38.07	9.41	0.27	
60	010501001006	混凝土垫层	1.混凝土种类:商品混凝土 2.混凝土强度等级:C20	m³	0.35	373.33	130.66	7.81	0.09	

工程名称：××住宅庭院园林工程

表 4.11　分部分项工程和单价措施项目清单与计价表

C	项目编码	项目名称	项目特征描述	计量单位	工程量	综合单价	合价	金额/元 其中 定额人工费	定额机械费	暂估价
61	001040101012003	零星砌砖-座凳	1. 零星砌砖名称、部位：座凳 2. 砖品种、规格、强度等级：MU15 页岩实心标砖，240 mm×115 mm×53 mm 3. 砂浆强度等级、配合比：M7.5 细砂水泥砂浆	m³	0.45	540.67	243.30	79.70	0.36	
62	010403003001	石墙-座凳顶面	石材种类、规格：500 mm×300 mm×20 mm黑色花岗石	m³	0.18	258.23	46.48	14.34	0.08	
63	011204001001	石材墙面	1. 墙体类型：直型墙 2. 面层材料品种、规格、颜色：500 mm×300 mm×20 mm黑色花岗石	m²	2.4	301.00	722.40	209.07	0.07	
			分部小计				10 537.53	2 152.86	9.16	
八		雕塑								
64	010101004004	挖基坑土方	1. 土壤类别：三类土 2. 挖基深度：0.25 m 3. 弃土运距：100 m	m³	0.56	51.66	28.93	13.60	0.00	
65	010103001005	土方回填	1. 密实度要求：夯填 2. 填方来源运距：原土回填，100 m	m³	0.38	21.59	8.21	4.78	0.69	
66	010103002005	余方弃置	弃方运距：8 km	m³	0.18	19.61	3.53	2.27	0.26	
67	010501001007	混凝土垫层	1. 混凝土种类：商品混凝土 2. 混凝土强度等级：C15	m³	0.12	363.24	43.59	2.68	0.03	

表4.11　分部分项工程和单价措施项目清单与计价表

工程名称：××住宅庭院园林工程

C	项目编码	项目名称	项目特征描述	计量单位	工程量	金额/元		其中		
						综合单价	合价	定额人工费	定额机械费	暂估价
68	010401012004	零星砌砖-雕塑底座	1. 零星砌砖名称、部位:雕塑底座 2. 砖品种、规格、强度等级:MU15 页岩实心标砖,240 mm×115 mm×53 mm 3. 砂浆强度等级、配合比:M7.5 细砂水泥砂浆	m³	0.16	540.68	86.51	28.34	0.13	
69	011206001001	石材零星项目-底座侧面	1. 基层类型、部位:砖砌雕塑底座 2. 面层材料品种、规格、颜色:150 mm×100 mm×20 mm 黑色花岗石	m²	0.90	233.37	210.04	57.16	0.03	
70	011206001002	石材零星项目-底座侧面	1. 基层类型、部位:砖砌雕塑底座 2. 面层材料品种、规格、颜色:200 mm×100 mm×20 mm 黑色花岗石	m²	0.26	233.36	60.67	16.51	0.01	
71	011108001001	石材零星项目-底座顶面	1. 工程部位:雕塑底座顶面 2. 结合层厚度、材料品种:10 mm 厚1:2水泥砂浆 3. 面层材料种类、规格、颜色:200 mm×50 mm×20 mm 黑色花岗石	m²	0.14	254.62	35.65	10.98	0.00	
72	011108001002	石材零星项目-底座顶面	1. 工程部位:雕塑底座顶面 2. 结合层厚度、材料品种:10 mm 厚1:2水泥砂浆 3. 面层材料种类、规格、颜色:650 mm×20 mm 黑色花岗石	m²	0.42	254.63	106.94	32.95	0.01	
分部小计							584.06	169.27	1.16	

表 4.11　分部分项工程和单价措施项目清单与计价表

工程名称：××住宅庭院园林工程

C	项目编码	项目名称	项目特征描述	计量单位	工程量	综合单价	合价	金额/元 其中 定额人工费	金额/元 其中 定额机械费	暂估价
九		种植池								
73	010101004005	挖基坑土方	1. 土壤类别：三类土 2. 挖土深度：0.87 m 3. 弃土运距：100 m	m³	32.46	51.66	1 676.88	788.45	0.00	
74	050307016001	花池	1. 土质类别：三类土 2. 池壁材料种类、规格：MU15 页岩实心标砖，240 mm×115 mm×53 mm 3. 砂浆强度等级、配合比：M7.5 细砂水泥砂浆 4. 饰面材料种类：20 mm 厚 1:2 水泥砂浆抹面	m³	3.92	193.27	757.63	1 069.73	3.10	
75	050101009001	种植土回填	1. 取土运距：100 m 2. 回填厚度：40 cm	m³	8.21	46.04	377.98	106.89	14.86	
76	011102001006	石材楼地面-压顶	面层材料种类、规格：600 mm×300 mm×50 mm 黑色花岗石	m²	4.80	169.62	814.20	170.88	0.34	
		分部小计					4 295.04	2 177.04	18.29	
十		钓鱼亭								
77	010101004006	挖基坑土方	1. 土壤类别：三类土 2. 挖土深度：1 m 3. 弃土运距：8 km	m³	7.84	51.66	405.01	190.43	0.00	

工程名称:××住宅庭院园林工程

表 4.11 分部分项工程和单价措施项目清单与计价表

C	项目编码	项目名称	项目特征描述	计量单位	工程量	综合单价	合价	金额/元 其中 定额人工费	金额/元 其中 定额机械费	暂估价
78	010103001006	土方回填	1. 密实度要求:夯填 2. 填方来源运距:原土回填,100 m	m³	7.21	21.59	155.66	90.70	13.05	
79	010103002006	余方弃置	弃土运距:8 km	m³	0.63	19.61	12.35	7.94	0.91	
80	010501001009	混凝土垫层	1. 混凝土种类:商品混凝土 2. 混凝土强度等级:C20	m³	0.26	363.23	94.44	5.80	0.07	
81	010501003001	独立基础	1. 混凝土种类:中砂混凝土 2. 混凝土强度等级:C20	m³	0.33	51.22	16.90	17.82	3.11	
82	010502003001	异形柱	1. 混凝土种类:中砂混凝土 2. 混凝土强度等级:C20	m³	0.26	310.27	80.67	16.82	0.10	
83	010503002001	矩形梁	1. 混凝土种类:中砂混凝土 2. 混凝土强度等级:C20	m³	0.64	296.69	189.88	35.88	0.26	
84	010505002001	无梁板	1. 混凝土种类:中砂混凝土 2. 混凝土强度等级:C20	m³	0.64	308.15	197.22	33.12	0.26	
85	011406001001	抹灰面真石漆	1. 基层材料种类、规格:15 mm 厚1:2.5 水泥砂浆 2. 面层材料品种、规格、颜色:仿黄金麻真石漆	m²	9.33	107.71	1 004.90	165.33	0.00	

工程名称：××住宅庭院园林工程

表4.11　分部分项工程和单价措施项目清单与计价表

C	项目编码	项目名称	项目特征描述	计量单位	工程量	综合单价	合价	金额/元 其中		暂估价
								定额人工费	定额机械费	
86	010404001003	碎石垫层（楼地面）	垫层材料种类、配合比,厚度:100 mm 厚碎石	m³	0.62	105.76	65.57	16.21	0.47	
87	010501001010	混凝土垫层（楼地面）	1.混凝土种类:商品混凝土 2.混凝土强度等级:C15	m³	0.62	373.33	231.46	13.83	0.16	
88	011101006005	地面-平面砂浆找平层	1.找平层厚度,砂浆配合比:30 mm 厚 1:2.5水泥砂浆找平	m²	6.17	12.12	74.78	28.88	0.43	
89	011102001007	石材楼地面	1.找平层厚度,砂浆配合比:30 mm 2.面层材料品种、规格、颜色:600 mm× 600 mm荔枝面黄金麻花岗石	m²	6.17	169.61	1 046.52	219.65	0.37	
90	011101006006	平面砂浆找平层	找平层厚度,砂浆配合比:15 mm 厚1:2.5水泥砂浆找平	m²	6.42	12.12	77.81	30.05	0.45	
91	010902002001	屋面涂膜防水	防水膜品种:1.5 mm 厚合成高分子防水涂料	m²	6.42	6.87	44.13	26.90	0.00	
92	010507007001	现浇混凝土其他构件	1.部位:持钉层 2.混凝土种类:商品混凝土 3.混凝土强度等级:C20	m³	0.22	392.27	86.30	6.94	0.00	
93	020603001001	琉璃屋面	1.瓦品种、规格:西班牙瓦 2.黏结层砂浆配合比	m²	6.42	169.00	1 084.95	450.94	1.80	
94	020603003001	琉璃屋脊	西班牙瓦脊 细砂	m	7.07	68.91	487.17	121.25	1.98	

表 4.11　分部分项工程和单价措施项目清单与计价表

工程名称：××住宅庭院园林工程

C	项目编码	项目名称	项目特征描述	计量单位	工程量	综合单价	金额/元			
							合价	定额人工费	定额机械费	暂估价
								其中		
95	020603011001	琉璃宝顶（中堆，天王座）	1. 琉璃宝顶珠安砌，珠高 230 mm 2. 细砂	座	1	536.30	536.30	134.45	0.28	
		分部小计				5 892.03	1 612.94	23.69		
		合　计				926 209.47	47 969.92	739.53		
十一		单价措施项目费								
96	011701001001	综合脚手架	檐口高度：2.34 m	m²	2.84	11.14	31.64	15.31	0.74	
97	011701002001	外脚手架	1. 搭设方式：单层 2. 脚手架材质：钢管	m²	12.63	15.90	200.85	78.43	6.57	
98	011702001001	基础垫层模板及支架	基础类型：垫层	m²	39.28	34.57	1 357.89	425.80	16.89	
99	011702001002	混凝土基础模板及支架	基础类型：带型基础	m²	2.86	40.55	115.99	47.68	1.57	
100	011702001003	混凝土基础模板及支架	基础类型：独立基础	m²	2.52	43.69	110.10	41.53	0.93	
101	011702004001	异形柱模板及支架	柱截面形状：圆形	m²	1.60	61.70	98.73	49.25	0.85	
102	011702006001	矩形梁模板及支架	支撑高度：2.34 m	m²	6.12	47.08	288.13	129.07	6.18	

工程名称：××住宅庭院园林工程

表 4.11　分部分项工程和单价措施项目清单与计价表

C	项目编码	项目名称	项目特征描述	计量单位	工程量	金额/元					
						综合单价	合价	定额人工费	其中		
									定额机械费	暂估价	
103	011702015001	无梁板模板及支架	支撑高度:2.34~3.3 m	m²	6.40	41.99	268.74	122.62	3.97	
104	011703001001	垂直运输费	建筑物结构类型及结构形式:钓鱼亭	m²	2.84	16.78	47.66	13.63	23.03	
105	050403001001	树木支撑架	支撑材料类型,材质:毛竹桩,一字桩	桩	37	20.59	761.65	113.96	0.00	
106	050403001002	树木支撑架	支撑材料类型,材质:树棍桩,四脚桩	桩	1	23.45	23.45	4.18	0.00	
107	050403001003	树木支撑架	支撑材料类型,材质:树棍桩,三脚桩	桩	3	17.35	52.05	8.73	0.00	
108	050403002001	草绳绕树干	胸径:≤300 mm 苗木	株	1	27.70	27.70	5.88	0.00	
109	050403002002	草绳绕树干	胸径:≤100 mm	株	2	9.40	18.79	4.12	0.00	
110	050403002003	草绳绕树干	胸径:≤200 mm	株	1	18.20	18.20	3.76	0.00	
111	050403003001	搭设遮阴（防寒）棚	搭设高度:≤5 000 mm	m²	30	26.04	781.16	150.60	0.00	
112	050403003002	搭设遮阴（防寒）棚	搭设高度:≤3 000 mm	m²	10	17.46	174.56	34.90	0.00	
			分部小计				4 377.29	1 249.45	60.73	
			合　计				930 586.76	49 219.37	800.26	

表4.12　总价措施项目与计价表

工程名称：××住宅庭院园林工程

序号	项目编码	项目名称	计算基础	费率/%	金额/元	调整费率/%	调整后金额/元	备注
1	011707001001	安全文明施工费					6 917.88	
1.1		环境保护费	48 512.46	0.26	12 613.24			
1.2		文明施工费	48 512.46	2.75	133 409.27			
1.3		安全施工费	48 512.46	5.61	272 154.92			
1.4		临时设施费	48 512.46	3.89	188 713.48			
2	011707004001	二次搬运费	48 512.46	0.396	192.11			
3	011707005001	冬雨季施工增加费	48 512.46	0.596	289.13			
合　计							7 399.12	

注：按施工方案计算的措施费，若无"计算基础"和"费率"的数值，也可只填"金额"数值，但应在备注栏说明施工方案出处或计算方法。用于投标报价时，"调整费率"及"调整后的金额"无须填写。

表4.13　其他项目清单与计价汇总表

工程名称：××住宅庭院园林工程

序号	项目名称	金额/元	结算金额/元	备注
1	暂列金额	92 620.95		明细详见表4.14
2	暂估价			
2.1	材料（工程设备）暂估价/结算价	—		明细详见表4.14
2.2	专业工程暂估价/结算价			明细详见表4.14
3	计日工			明细详见表4.14
4	总承包服务费	16.34		明细详见表4.14
合　计		92 637.29	—	

注：材料（工程设备）暂估单价计入清单项目综合单价，此处不汇总。

表4.14　暂列金额明细表

工程名称:××住宅庭院园林工程　　　　　　　　　　　　　　　　　第1页　共1页

序号	项目名称	计量单位	暂定金额/元	备注
1	暂列金额(按分部分项工程费的10%计列)	项	92 620.95	
2				
3				
合　计			92 620.95	—

注:此表由招标人填写,如不能详列,也可只列暂定金额总额,投标人应将上述暂列金额计入投标总价中。

表4.15　材料(工程设备)暂估单价及调整表

工程名称:××住宅庭院园林工程　　　　　　　　　　　　　　　　　第1页　共1页

序号	材料(工程设备)名称、规格、型号	计量单位	数量		暂估/元		确认/元		差额±/元		备注
			暂估	确认	单价	合价	单价	合价	单价	合价	
1	400 mm×260 mm×100 mm青石板	m²	10.30		60	618.00					
2	遮阴棚(高度≤5 000 mm)	m²	30		17.76	532.80					
3	遮阴棚(高度≤3 000 mm)	m²	10		11.71	117.10					
合　计						1 267.90					

注:此表由招标人填写"暂估单价",并在备注栏说明暂估价的材料、工程设备拟用在那些清单项目上,投标人应将上述材料、工程设备暂估单价计入工程量清单综合单价报价中。工程结算时,依据承发包双方确认价调整差额。

表4.16　专业工程暂估价及结算价表

工程名称:××住宅庭院园林工程　　　　　　　　　　　　　　　　　第1页　共1页

序号	工程名称	工程内容	暂估金额/元	结算金额/元	差额/元	备注
合　计						

注:此表"暂估金额"由招标人填写,投标人应将"暂估金额"计入投标总价中。结算时按合同约定结算金额填写。

表4.17 计日工表

工程名称：××住宅庭院园林工程　　　　　　　　　　　　　　　　第1页 共1页

编号	项目名称	单位	暂定数量	实际数量	综合单价/元	合价/元	
						暂定	实际
一	人工						
1							
2							
	人工小计						
二	材料						
1							
2							
	材料小计						
三	施工机械						
1							
2							
	施工机械小计						
四、综合费							
	总　计						

注：此表项目名称、暂定数量由招标人填写，编制招标控制价时，单价由招标人按有关计价规定确定；投标时，单价由投标人自主报价，按暂定数量计算合价计入投标总价中。结算时，按发承包双方确认的实际数量计算合价。

表4.18 总承包服务费计价表

工程名称：××住宅庭院园林工程　　　　　　　　　　　　　　　　第1页 共1页

序号	项目名称	项目价值/元	服务内容	计算基础	费率/%	金额/元
1	发包人发包专业工程	—				
2	发包人提供材料	163.42	卸车费、室内短途运输、工地保管	甲供材料费	1	16.34
	合　计	—	—	—	—	16.34

注：此表项目名称、服务内容由招标人填写，编制招标控制价时，费率及金额由招标人按有关计价规定确定；投标时，费率及金额由投标人自主报价，计入投标总价中。

表4.19　规费、税金项目计价表

工程名称：××住宅庭院园林工程　　　　　　　　　　　　　　　　第1页　共1页

序号	项目名称	计算基础	计算基数	计算费率/%	金额/元
1	规费	分部分项清单定额人工费＋单价措施项目清单定额人工费	49 219.36	9.34	4 597.09
2	税金	税前不含税工程造价	1 027 821.14	9.31	95 720.98
合　计					100 318.07

注：规费计算基础＝分部分项工程量清单定额人工费47 969.92元＋单价措施项目清单定额人工费1 249.45元＝49 219.36元。

复习思考题

1. 综合单价由哪些部分组成？它是如何确定的？
2. 直接套用定额组价的项目具有什么特点？
3. 重新计算工程量组价的项目具有什么特点？组价过程是怎样的？
4. 人工费的调整值应该如何确定？
5. 分部分项工程费怎样计算？
6. 单价措施项目费怎样计算？
7. 总价措施项目费怎样计算？计费基础是什么？费率怎样确定？
8. 其他项目费都包括什么？分别怎样计算？
9. 规费怎样计算？计费基础是什么？费率怎样确定？
10. 税金包括哪些内容？计费基础是什么？费率怎样确定？

附　录

附录1　《建设工程工程量清单计价规范》(GB 50500—2013)

附录2　《园林绿化工程工程量计算规范》(GB 50858—2013)

附录3　《房屋建筑与装饰工程工程量计算规范》
　　　　(GB 50854—2013)〔节选〕

附录1、2、3

附录4　××住宅庭院园林工程全套施工图

目录

×× 建 筑 设 计 研 究 院

NOTES（备注）：
1. 本设计图版权为××建筑设计研究院所拥有，任何人未经允许不得翻印本图纸的任何部分。
2. 除列明尺寸或以方格代替比例，尺寸重度以实地实物为准。
3. 图纸上内容如有遗漏、误通知设计院的设计师。
4. 除经特别说明外，本图不可作为建筑或施工用途。

PROJECT（工程项目）：

住宅庭院园林工程

TITLE（图纸名称）：

目录

DRAWING　INFORMATION
（图纸资料）：

设计人

审　核

图　号

比　例

日　期　2020.03.31

页　码

施工图设计说明

一、工程概况

1. 工程名称：××住宅庭院园林工程；
2. 工程地点：四川省成都市；
3. 总设计面积：558.34 m²；
4. 施工图设计内容：总平面图、尺寸定位设计图、竖向设计图、铺装工程图、建筑小品详图、水景工程图、种植图。

二、设计依据

1. 根据业主所提要求设计图纸；
2. 建设地区的原始资料：自然条件、地域竖向设计资料等；
3. 关于该项目初步设计的批复；
4. 现场及周围环境实地勘察；
5. 国家及成都市有关庭院景观设计规范、规定、标准。

三、尺寸标准

1. 以图上所注尺寸为准；
2. 图中所注尺寸均以mm为单位，乔木高度以m为单位，其余植物规格以cm为单位（注：相对标高将引导过米的绝对标高作为本地区的零值，以此推算其标高）。
3. 图中所有高程均为相对标高。

四、材料

1. 场地土壤类别：三类土；
2. 土方运输：该工程土方运输8 km外建筑垃圾处理厂处理；
3. 道路铺装：该工程中所有的砖砌体都采用页岩砖标准，M7.5水泥砂浆；
4. 铺装材料：
   (1)透水砖：用于步行道路铺设，厚度为100厚；
   (2)泥质板：用于特色铺装、留缝拼地，1:2水泥砂浆匀缝，厚度为80厚；
   (3)青石板：用于小路汀步，普遍厚度为100厚。

5. 钓鱼亭为钢筋混凝土结构，花架选用优质防腐木，外刷木色清漆。
6. 防护：
   (1)防滑：凡是光滑的地面材料坡度必须小于0.5%；
   (2)冲孔：廊架供坐歇的地方，多用石材，不采用易刮伤的皮肤，衣物等粗糙面结构；
   (3)草子：廊花带门景墙应不低于2 m高，水池水深不高于1 m，防止意外发生意外。
7. 防水、防潮：
   (1)水池防水层数均为1层，水池的反边高度为250 mm，做面层。
   (3)防潮、墙面抹灰做防水处理：室外道路、广场等地方应有斜面以便排水，排水路径越长，坡度越小，反之，坡度越大。
   材，防水卷材或面做水泥砂浆找平层，顶面做防水砂浆保护层。
   (3)防潮：墙面抹抗渗砂浆。这样墙体两侧均有防水，地面平台基层做防潮层，排水坡向基层，种植平台基层做保护层。

五、种植施工及要求

1. 绿化地整平、清理：
   地形堆建应清理工杂草杂物及建筑垃圾的地面，流场、地形平整要在土壤完全过分沉降后进行，表面平整随增，边缘估土拌匀，富含有机质，pH为5.0～7.0，种植内次垃建保留顶端生长点。
2. 基肥：
   种植土选用红壤或纯黏土，不含石、不含砂石、建筑垃圾及其他化学污染物，成松湿润，排水良好，富含有机质，pH为5.0～7.0，种植内次垃圾过大而消逝。种植前应将基肥与种植土拌匀；
   (1)苗木进行出期处理。在保证设计标高和坡度走向的基础上正成应满足地形丰满、流畅。地形平整要在土壤完全过分沉降后进行，表面平整随增，表面平整随增。
   (2)苗木高度：要求乔木尽量保留顶端生长点。
   (3)冠幅：种植前苗木经过处理后，支叉垂直两个方向上的平均冠幅直径应保留苗木原有的冠幅。
3. 花草树木的质量：
   (4)土球规格严格按照中华人民共和国行业标准《城市绿化工程施工及验收规范》中的要求。
4. 绿化养护：
   (1)所有植物的必须健康新鲜，无病虫害，乔木应保证移植根系完好、土球完整。
   (2)严格按图纸设计规格选定苗木，乔木应保证移植根系完好、土球完整。
5. 绿化养护：
   在养护期内负责修剪、浇水、施肥、除草、防止病虫、清除杂物。

× × 建筑设计研究院	
NOTES（备注）：	1. 本设计图版权归为××建设设计研究院所有，任何人未经允许不得翻印本图纸的任何部分。2. 除列明尺寸或成以方标代替比例，尺寸数度以实地完为准。3. 图纸上如有勿疑难、错误如负责应立图的设计师。4. 除标物特别说明外，本图纸可作为建造或其他用途。
PROJECT（工程项目）：	住宅庭院园林工程
TITLE（图纸名称）：	设计说明
DRAWING INFORMATION（图纸资料）：	
设计人	
审核	
图号	LN-01
比例	
日期	2020.03.31
页码	01

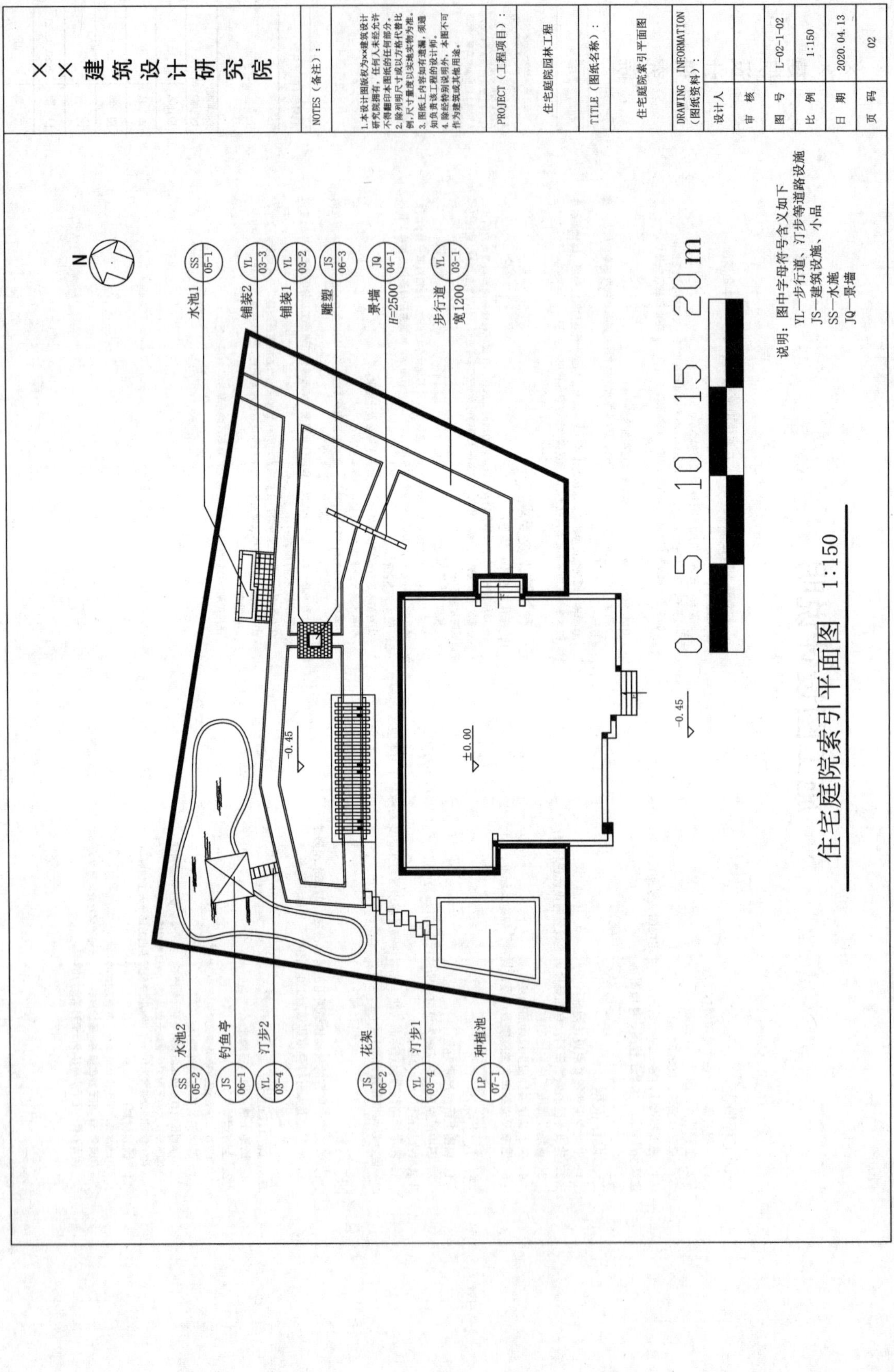

××建筑设计研究院

NOTES（备注）：

1.本设计图版权为××建筑设计研究院所有，任何人未经本设计研究院的任何部分。
2.除列相尺寸或以方格代替比例，尺寸量度以实地实物为准。请通知负责本工程的设计师。
3.图纸上任何容积与遗漏，请通知负责本工程的设计师。
4.除特殊说明外，本图不可作为建筑或其他用途。

PROJECT（工程项目）：住宅庭院园林工程

TITLE（图纸名称）：住宅庭院索引平面图

DRAWING INFORMATION（图纸资料）：

设计人	
审 核	
图 号	L-02-1-02
比 例	1:150
日 期	2020.04.13
页 码	02

N

水池1 SS 05-1

铺装2 YL 03-3

铺装1 YL 03-2

雕塑 JS 06-3

景墙 JQ H=2500 04-1

步行道 YL 宽1200 03-1

−0.45

±0.00

−0.45

住宅庭院索引平面图 1:150

0 5 10 15 20 m

说明：图中字母符号含义如下
YL—步行道、汀步等道路设施
JS—建筑设施、小品
SS—水施
JQ—景墙

水池2 SS 05-2

钓鱼亭 JS 06-1

汀步2 YL 03-4

花架 JS 06-2

汀步1 YL 03-4

种植池 LP 07-1

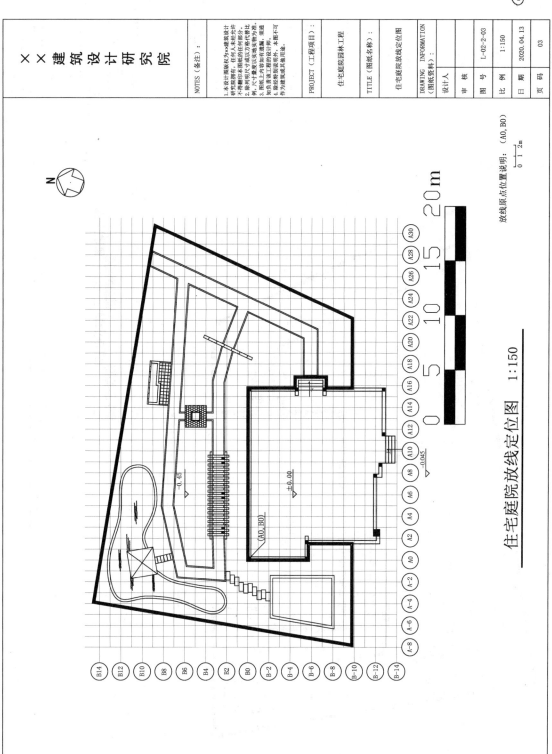

住宅庭院放线定位图 1:150

××建筑设计研究院

NOTES〈备注〉：

1.本设计图版权为××建筑设计研究院所有，任何人未经允许不得翻印本图纸的任何部分。
2.除列明尺寸或以方格代替比例，尺寸最度以实地实物为准。
3.图纸上内容如有遗漏，须通知负责该工程的设计师。
4.除经特别说明外，本图不可作为建筑或其他用途。

PROJECT〈工程项目〉：
住宅庭院园林工程

TITLE〈图纸名称〉：
住宅庭院放线定位图

DRAWING INFORMATION〈图纸资料〉：

设计人	
审 核	
图 号	L-02-2-03
比 例	1:150
日 期	2020.04.13
页 码	03

放线原点位置说明：(A0，B0)

0 1 2m

住宅庭院尺寸定位图　1:150

××建筑设计研究院

NOTES（备注）：

1. 本设计图版权为××建筑设计研究院所有，任何人未经本院不得翻印本图纸的任何部分。
2. 除对明尺寸或以方格计外，尺寸数量以实地定物为准。
3. 图纸上内容如有遗漏请通知负责该工程的设计师。
4. 除能特别的图外，本图不可作为建筑或其他用途。

PROJECT（工程项目）：住宅庭院园林工程

TITLE（图纸名称）：住宅庭院尺寸定位图

DRAWING INFORMATION（图纸资料）：

设计人			L-02-3-04	1:150
审 核		图 号	比 例	2020.04.13
			日 期	
			页 码	04

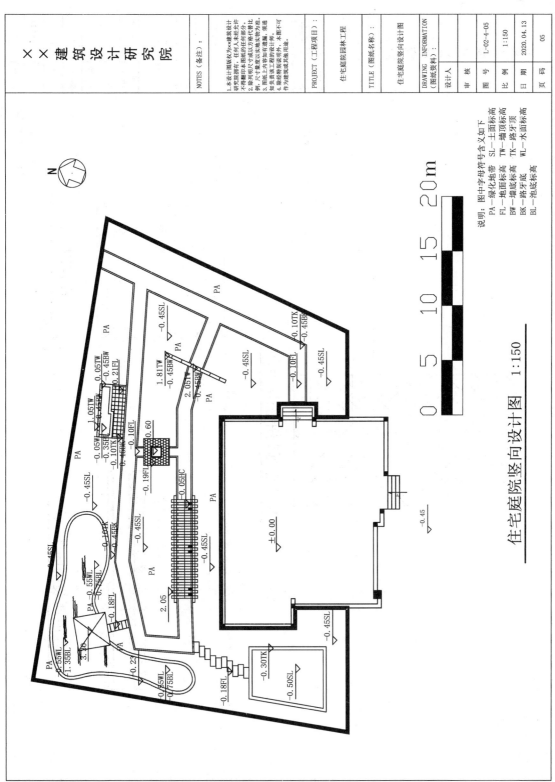

住宅庭院竖向设计图 1:150

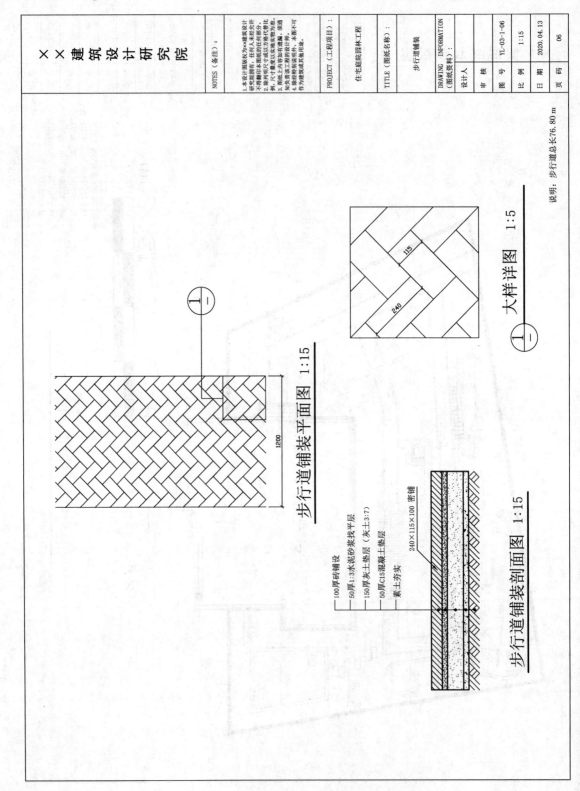

步行道铺装平面图 1:15

大样详图 1:5

100厚砖铺设
50厚1:3水泥砂浆找平层
150厚灰土垫层（灰土3:7）
50厚C15混凝土垫层
素土夯实

240×115×100 密铺

步行道铺装剖面图 1:15

×× 建筑设计研究院

NOTES（备注）：
1.本设计图版权为××建筑设计研究院所有，在何人未经允许不得翻印本图纸的任何部分。
2.除有明尺寸或以文格代替比例，尺寸量度以实地实物为准，须通过图纸上内容订正离图。
3.图纸上内容订正离图，知负责本工程的设计师，本图不可作为建筑或其他用途。
4.请检查细则说明外，本图不可作为建筑或其他用途。

PROJECT（工程项目）：
住宅庭院园林工程

TITLE（图纸名称）：
步行道铺装

DRAWING INFORMATION（图纸资料）：

设计人	
审 核	
图 号	YL-03-1-06
比 例	1:15
日 期	2020.04.13
页 码	06

说明：步行道总长76.80 m

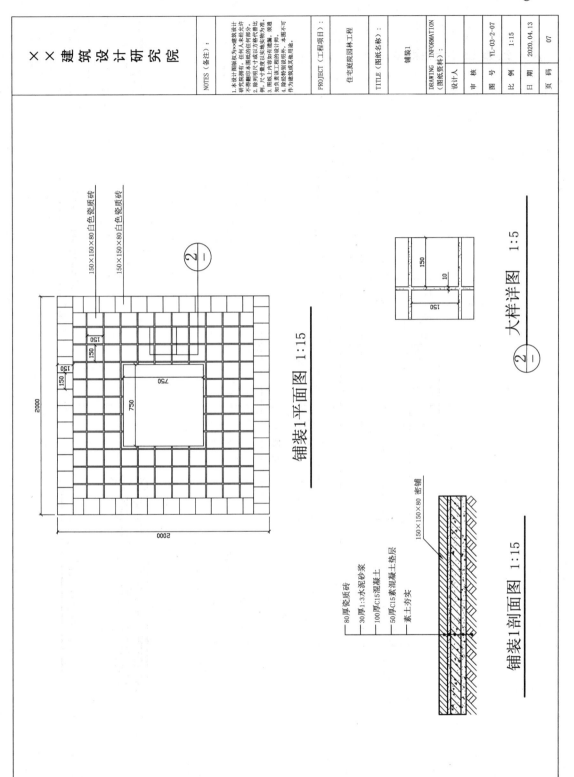

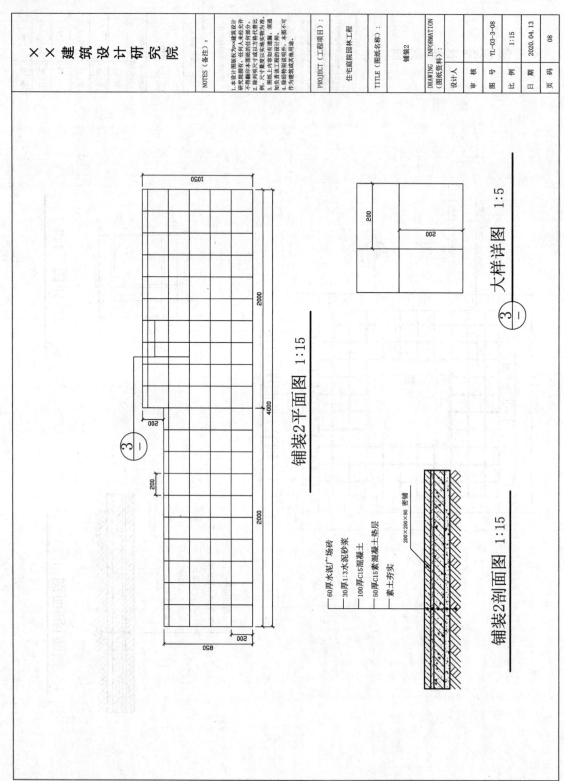

××建筑设计研究院

NOTES（备注）：

1. 本设计图版权为××建筑设计研究院所有，任何人未经允许不得翻印本图纸的任何部分。
2. 除特别说明尺寸或以实地为代表比例，尺寸量度以实地数据为准。
3. 图纸上内容如有遗漏、渎通知负责该工程图的设计师。
4. 除非名特别说明外，本图不可作为建筑或其他用途。

PROJECT（工程项目）： 住宅庭院园林工程

TITLE（图纸名称）： 铺装2

DRAWING INFORMATION（图纸资料）：

设计人

审核

图号   YL-03-3-08

比例   1:15

日期   2020.04.13

页码   08

铺装2平面图 1:15

大样详图 1:5

60厚水泥广场砖
30厚1:3水泥砂浆
100厚C15混凝土
50厚C15素混凝土垫层
素土夯实

200×200×80 密铺

铺装2剖面图 1:15

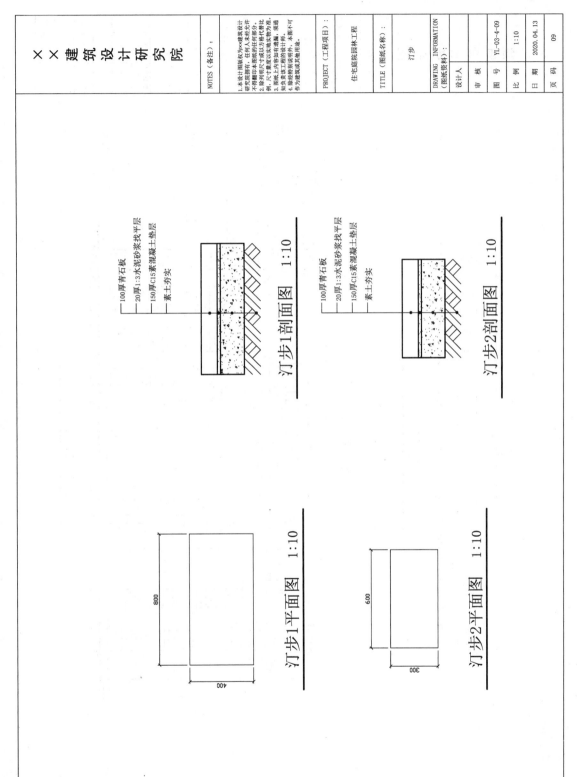

汀步1剖面图 1:10

100厚青石板
20厚1:3水泥砂浆找平层
150厚C15素混凝土垫层
素土夯实

汀步2剖面图 1:10

100厚青石板
20厚1:3水泥砂浆找平层
150厚C15素混凝土垫层
素土夯实

汀步1平面图 1:10

800
400

汀步2平面图 1:10

600
300

× × 建 筑 设 计 研 究 院		
NOTES〈备注〉:	1.本设计图版权为××建筑设计研究院拥有，任何人未经允许不得翻印本图纸的任何部分。2.除列明尺寸或以方格代替比例，尺寸最度以实地实物为准。3.图纸上内容如有遗漏，须通知负责该工程的设计人并。4.除经特别说明外，本图不可作为建筑或其他用途。	
PROJECT〈工程项目〉:	住宅庭院园林工程	
TITLE〈图纸名称〉:	汀步	
DRAWING INFORMATION〈图纸资料〉:		
设计人		
审 核		
图 号	YL-03-4-09	
比 例	1:10	
日 期	2020.04.13	
页 码	09	

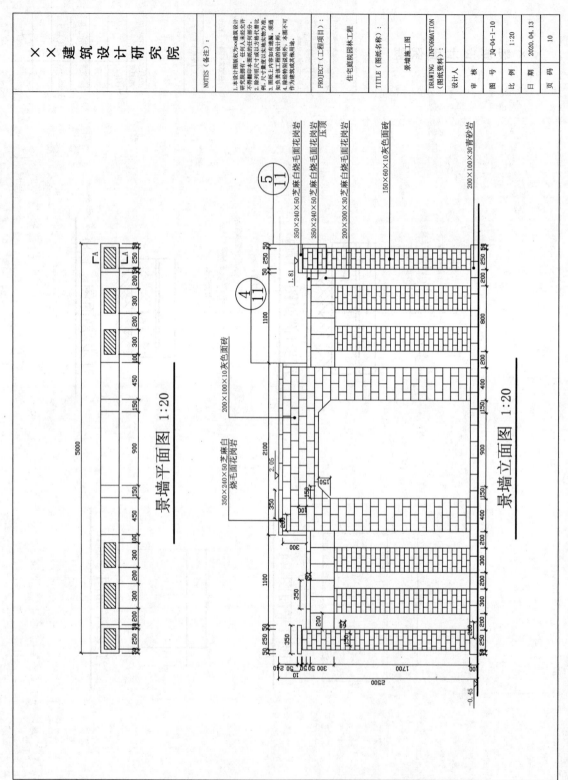

景墙平面图 1:20

景墙立面图 1:20

350×240×50芝麻白烧毛面花岗岩

350×240×50芝麻白烧毛面花岗岩 压顶

200×300×30芝麻白烧毛面花岗岩

150×60×10灰色面砖

200×100×30青砂岩

200×100×10灰色面砖

350×240×50芝麻白烧毛面花岗岩

× × 建 筑 设 计 研 究 院	NOTES（备注）： 1.本设计图版权为××建筑设计研究院所有，任何人未经允许不得翻印本图纸的任何部分。 2.除列明尺寸或以方案比例，尺寸数值以实地实物为准。 3.图纸上中涉及如有遗漏，须通知当责该工程的设计师。 4.除标特别说明外，本图不可作为建筑或其他用途。	PROJECT（工程项目）： 住宅庭院园林工程	TITLE（图纸名称）： 景墙施工图	DRAWING INFORMATION（图纸资料）：			
				设计人		JQ-04-1-10	1:20
				审 核	图 号	比 例	2020.04.13
						日 期	页 码 10

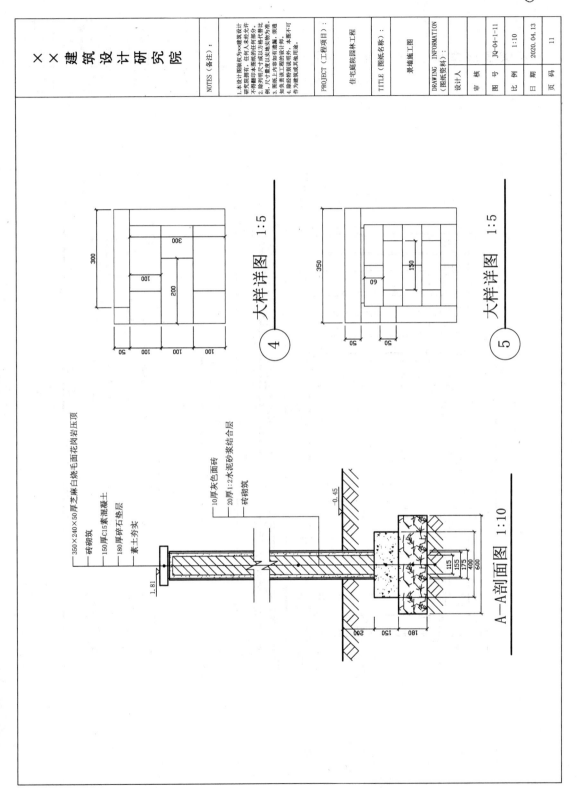

大样详图 1:5 ④

大样详图 1:5 ⑤

A—A剖面图 1:10

350×240×50厚芝麻白烧毛面花岗岩压顶
砖砌筑
150厚C15素混凝土
180厚碎石垫层
素土夯实

10厚灰色面砖
20厚1:2水泥砂浆结合层
砖砌筑

××建筑设计研究院

NOTES（备注）：

1.本设计图版权为××建筑设计研究院所有，任何人未经允许不得翻印本图纸的任何部分。
2.除列明尺寸或以方格代替比例，尺寸皆度以实地实物为准。
3.图纸上任何面的设计有遗漏，须通知负责该工程的设计人核对。
4.除经特别说明外，本图不可作为建筑或其他用途。

PROJECT（工程项目）：

住宅庭院园林工程

TITLE（图纸名称）：

景墙施工图

DRAWING INFORMATION（图纸资料）：

设计人	
审核	
图号	JQ-04-1-11
比例	1:10
日期	2020.04.13
页码	11

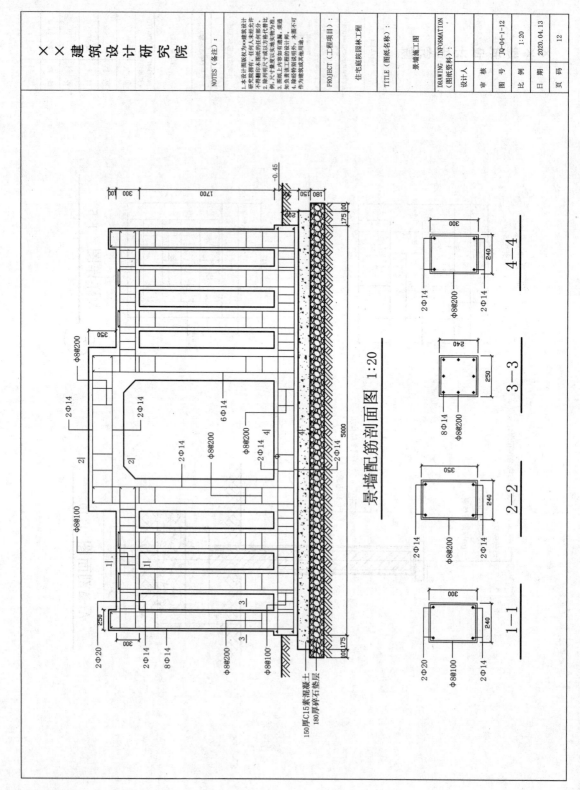

景墙配筋剖面图 1:20

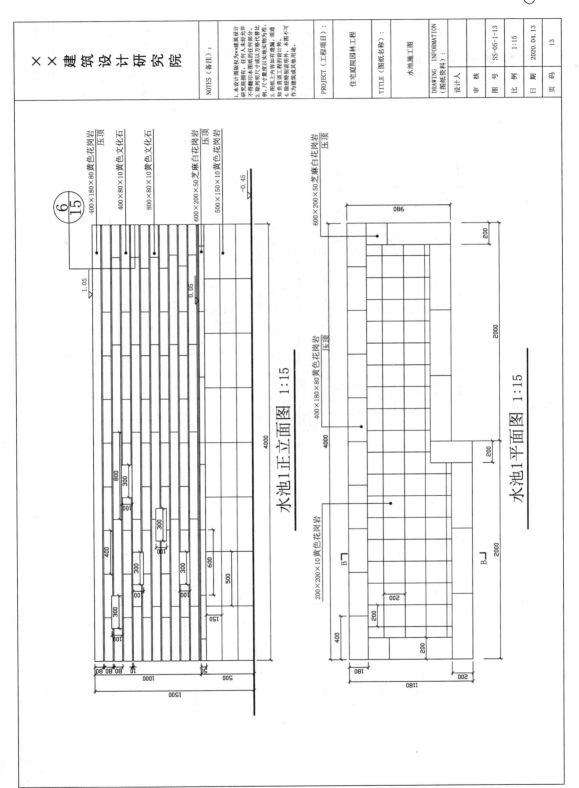

水池1正立面图 1:15

水池1平面图 1:15

NOTES（备注）：	PROJECT（工程项目）：				
1. 本设计图版权为××建筑设计研究院所有。任何人未经允许不得翻印本图纸的任何部分。 2. 除列明尺寸或以方格代替比例，尺寸量度以实地地物为准。 3. 附纸上内容如有遗漏，须通知负责该工程的设计师。 4. 除经特别说明外，本图不可作为建筑或施工使用途。	住宅庭院园林工程				
	TITLE（图纸名称）：				
	水池施工图				
	DRAWING INFORMATION（图纸资料）：				
	设计人				
	审 核				
	图 号		SS-05-1-13		
	比 例		1:15		
	日 期		2020.04.13		
	页 码		13		

××建筑设计研究院

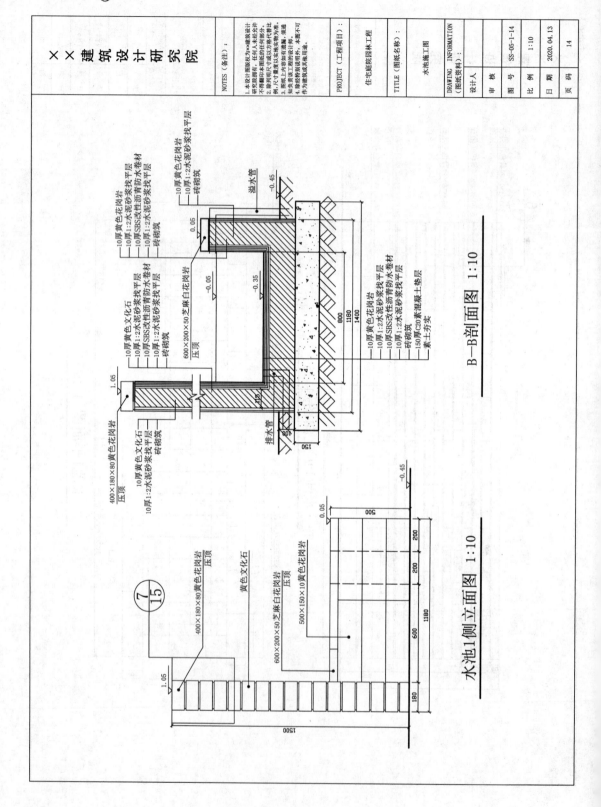

B-B剖面图 1:10

水池1侧立面图 1:10

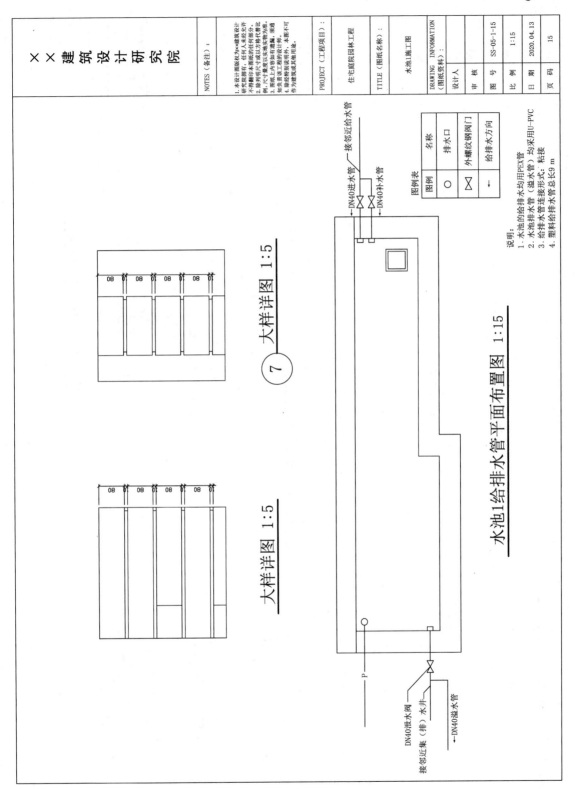

××建筑设计研究院

NOTES（备注）：

1. 本设计图版权为××建筑设计研究院所有。任何人未经允许不得翻印本图纸的任何部分。
2. 除列明尺寸或以方格代替比例，图纸上尺寸最度以实地实物为准。
3. 图纸上内容如有遗漏、须遗知负责该工程的设计师。
4. 除建筑特别说明外，本图不可作为建筑或其他用途。

PROJECT（工程项目）：

住宅庭院园林工程

TITLE（图纸名称）：

水池1施工图

DRAWING INFORMATION（图纸资料）：

设计人

审 核

图 号   SS-05-1-15

比 例   1:15

日 期   2020.04.13

页 码   15

大样详图 1:5

⑦ 大样详图 1:5

水池1给排水管平面布置图 1:15

图例表

图例	名称
○	排水口
⋈	外爆纹钢阀门
→	给排水方向

说明：
1. 水池的给排水均用PEX管
2. 水池排水管（溢水管）均采用U-PVC
3. 给排水管连接形式：粘接
4. 塑料给排水管总长9 m

DN40进水管／接邻近给水管

DN40补水管

DN40泄水阀／接邻近集（排）水井

DN40溢水管

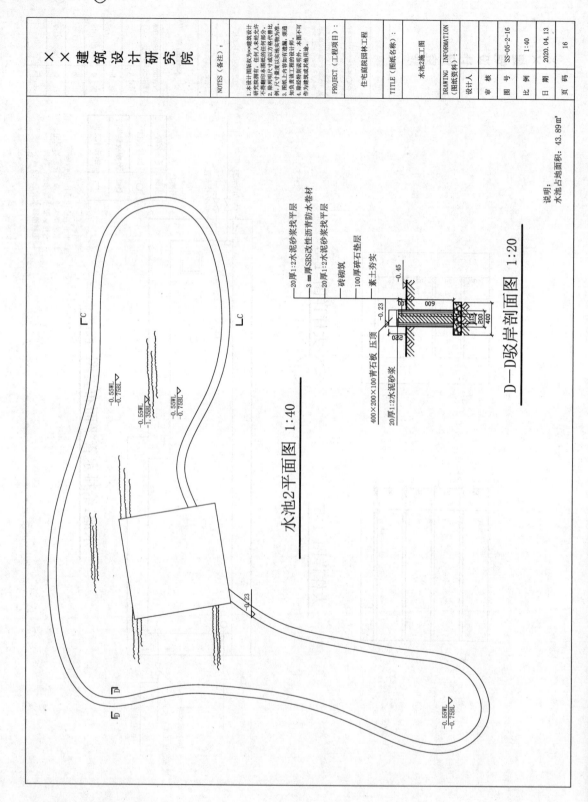

水池2平面图 1:40

D—D驳岸剖面图 1:20

20厚1:2水泥砂浆找平层
3 mm厚SBS改性沥青防水卷材
20厚1:2水泥砂浆找平层
砖砌筑
100厚碎石垫层
素土夯实

400×200×100青石板 压顶
20厚1:2水泥砂浆

-0.55WL
-0.75BL

-0.55WL
-1.35BL
-0.55WL
-0.75BL

-0.23

-0.45

-0.23

-0.55WL
-0.75BL

××建筑设计研究院

NOTES（备注）：

1. 本设计图版权为××建筑设计研究院整理所有，任何人未经允许不得擅自本图纸的任何部分。
2. 除列出尺寸或以方格代替比例，尺寸宜度以实地实物为准。
3. 图纸上内容如有遗漏，须调知负责该工程的设计师。
4. 除经特别说明外，本图不可作为建筑或其他用途。

PROJECT（工程项目）：
住宅庭院园林工程

TITLE（图纸名称）：
水池2施工图

DRAWING INFORMATION（图纸资料）：

设计人
审　核
图　号　SS-05-2-16
比　例　1:40
日　期　2020.04.13
页　码　16

说明：
水池占地面积：43.89 ㎡

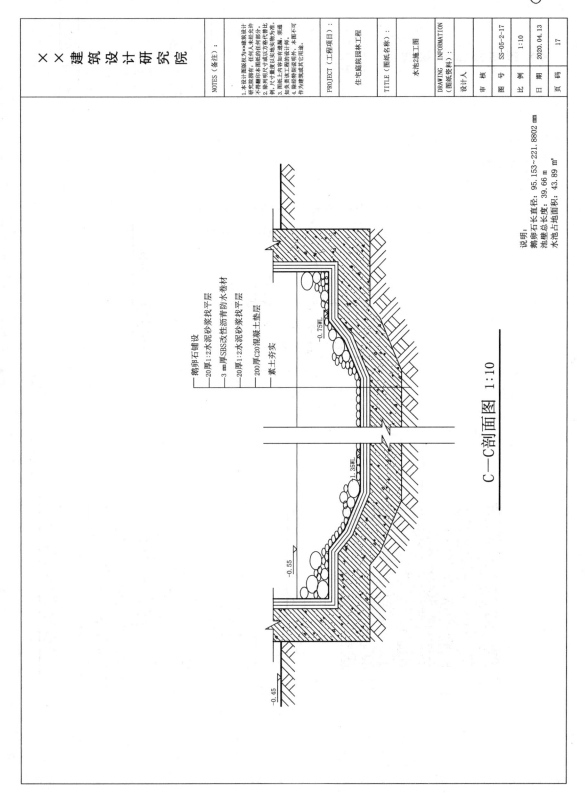

C—C剖面图 1:10

鹅卵石铺设
20厚1:2水泥砂浆找平层
3 mm厚SBS改性沥青防水卷材
20厚1:2水泥砂浆找平层
200厚C20混凝土垫层
素土夯实

-0.75W.L

-0.55

1.35W.L

-0.45

× × 建 筑 设 计 研 究 院	
NOTES（备注）：	1.本设计图版权为××建筑设计研究院所有，任何人未经允许不得翻印本图纸的任何部分。 2.除列明尺寸或以方格代替比例，尺寸量度以实地或物为准。 3.图纸上内容如有遗漏，须通知负责该工程的设计人所。 4.除检修特别说明外，本图不可作为建筑或其它用途。
PROJECT（工程项目）：	住宅庭院园林工程
TITLE（图纸名称）：	水池2施工图
DRAWING INFORMATION（图纸资料）：	
设计人	
审核	
图号	SS-05-2-17
比例	1:10
日期	2020.04.13
页码	17

说明：
鹅卵石长直径：95.153~221.8802 mm
池壁总长度：39.66 m
水池占地面积：43.89 m²

×× 建筑设计研究院	NOTES〈备注〉: 1.本设计图版权为××建筑设计研究院所有，任何人未经允许不得翻印本图纸的任何部分。 2.除列明尺寸或以力标代替比例，尺寸直度以实基点物为准。 3.图纸上所有加有遗漏，需通知负责本工程的设计师。 4.除经特别说明外，本图不可作为建筑或其他用途。	PROJECT〈工程项目〉: 住宅庭院园林工程	TITLE〈图纸名称〉: 钓鱼亭施工图	DRAWING INFORMATION〈图纸资料〉:	
				设计人	
				审核	
				图号	JS-06-1-18
				比例	1:25
				日期	2020.04.13
				页码	18

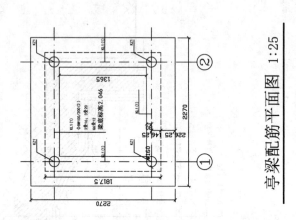

亭梁配筋平面图 1:25

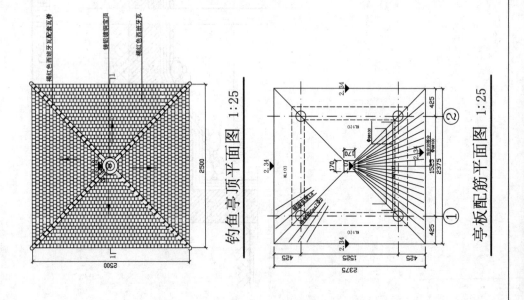

钓鱼亭顶平面图 1:25

亭板配筋平面图 1:25

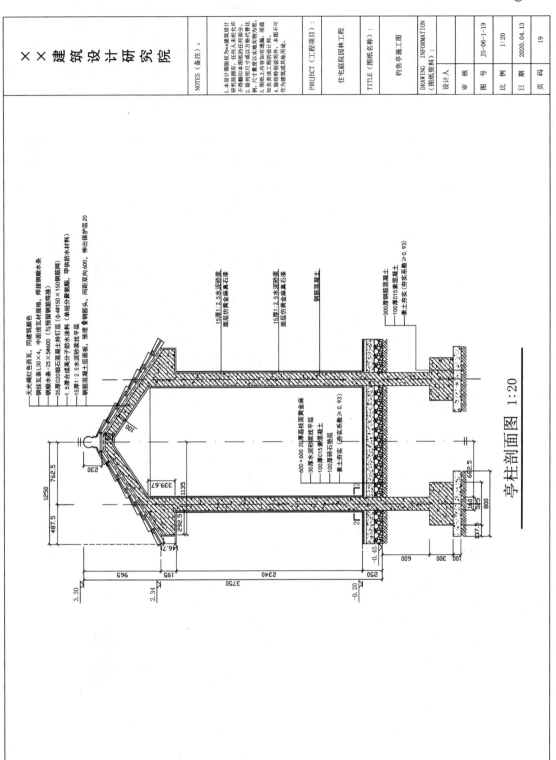

亭柱剖面图 1:20

××建筑设计研究院

NOTES（备注）：

1. 本设计版权为××建筑设计研究院所有，任何人未经允许不得翻印本图纸的任何部分。
2. 除利用尺寸或以方格代替比例，尺寸重度以实地实物为准。
3. 图纸上如有如有遗漏，须遵知或该工程的设计事所。
4. 除经特别说明外，本图不可作为建筑或其他用途。

PROJECT（工程项目）：
住宅庭院园林工程

TITLE（图纸名称）：
钓鱼亭施工图

DRAWING INFORMATION
（图纸资料）：

设计人
审 核
图 号   JS-06-1-19
比 例   1:20
日 期   2020.04.13
页 码   19

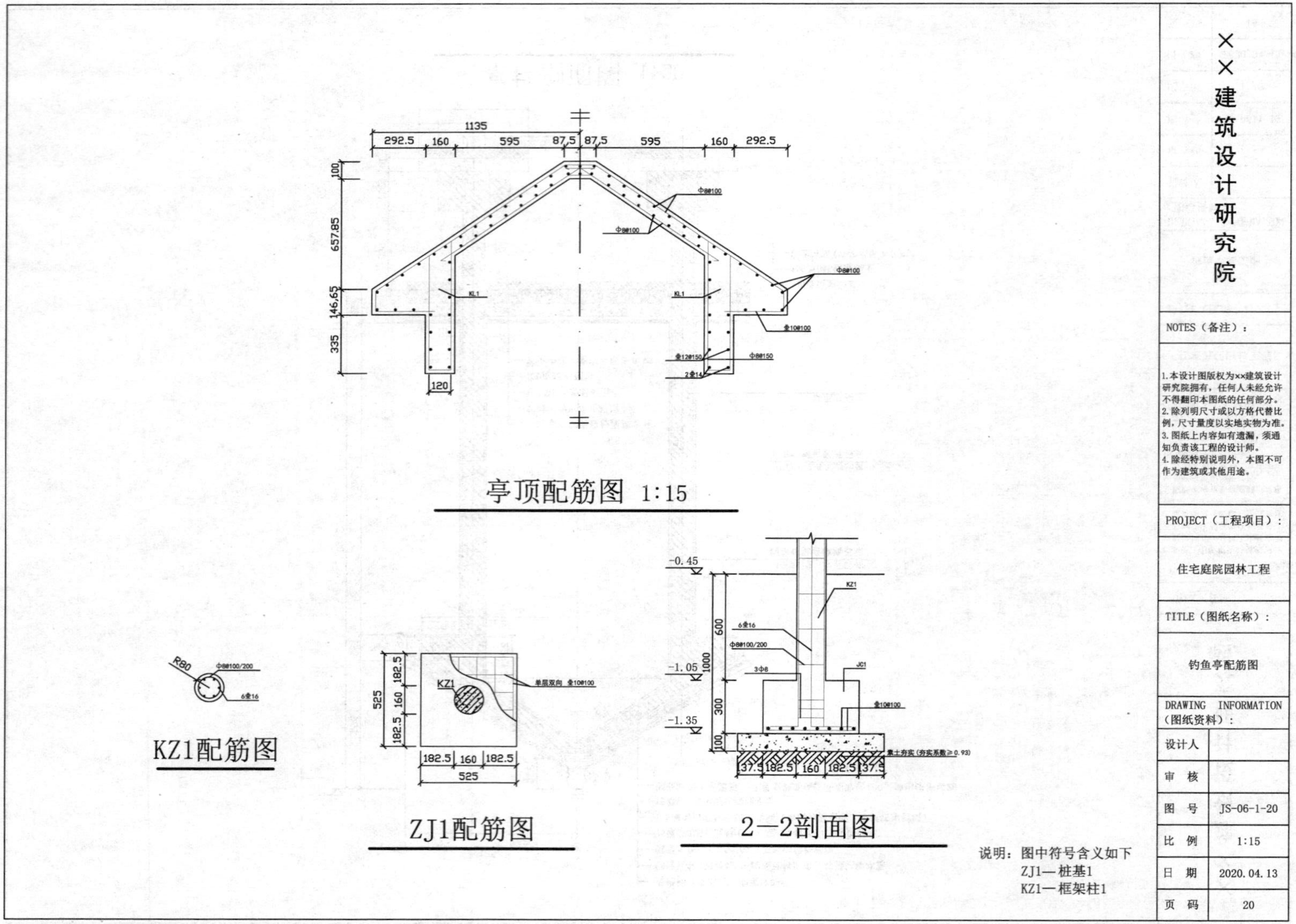
××建筑设计研究院
NOTES（备注）：
1.本设计图版权为××建筑设计研究院拥有，任何人未经允许不得翻印本图纸的任何部分。
2.除列明尺寸或以方格代替比例，尺寸量度以实地实物为准。
3.图纸上内容如有遗漏，须通知负责该工程的设计师。
4.除经特别说明外，本图不可作为建筑或其他用途。
PROJECT（工程项目）：
住宅庭院园林工程
TITLE（图纸名称）：
钓鱼亭配筋图
DRAWING INFORMATION（图纸资料）：
设计人
审 核
图 号 JS-06-1-20
比 例 1:15
日 期 2020.04.13
页 码 20
亭顶配筋图 1:15
1135
292.5
160
595
87.5
87.5
595
160
292.5
100
657.85
146.65
335
120
KL1
KL1
Φ8@100
Φ8@100
Φ8@100
Φ10@100
Φ8@150
Φ12@150
2Φ14
KZ1配筋图
R80
Φ8@100/200
6Φ16
ZJ1配筋图
KZ1
单层双向 Φ10@100
182.5
160
182.5
525
2—2剖面图
-0.45
-1.05
-1.35
600
1000
300
100
KZ1
6Φ16
Φ8@100/200
3Φ8
JC1
Φ10@100
素土夯实（夯实系数≥0.93）
37.5
182.5
160
182.5
37.5
说明：图中符号含义如下
ZJ1—桩基1
KZ1—框架柱1

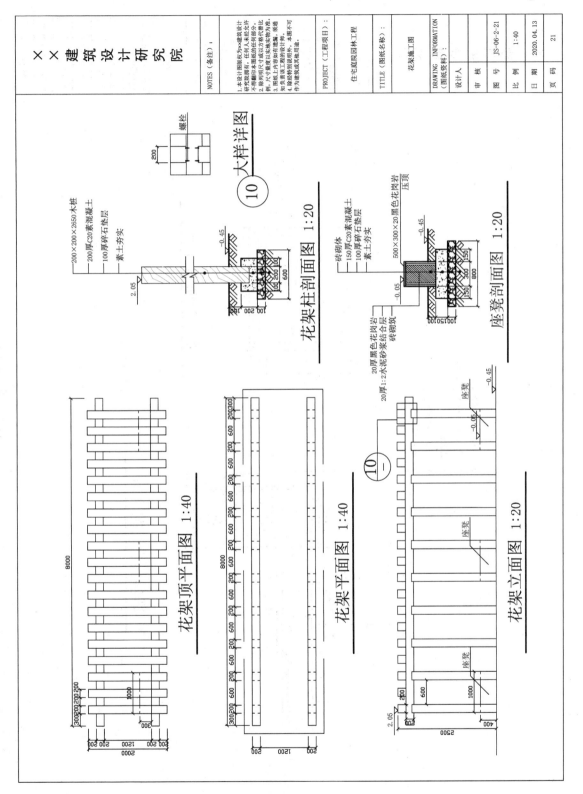

××建筑设计研究院

NOTES（备注）：
1.本设计图版权为××建筑设计研究院拥有，任何人未经允许不得翻印本图纸的任何部分。
2.除列明尺寸或以方格代替比例，尺寸最度以实地实物为准。
3.图纸上内容如有遗漏，须通知负责此工程的设计师。
4.除经特别说明外，本图不可作为建筑或其他用途。

PROJECT（工程项目）：住宅庭院园林工程

TITLE（图纸名称）：花架施工图

DRAWING INFORMATION（图纸资料）：
设计人
审　核
图　号　JS-06-2-21
比　例　1:40
日　期　2020.04.13
页　码　21

大样详图
⑩

花架柱剖面图 1:20

200×200×2650木桩
200厚C20素混凝土
100厚碎石垫层
素土夯实

2.05
-0.45

座凳剖面图 1:20

压顶
砖砌体
150厚C20素混凝土
100厚碎石垫层
素土夯实
500×300×20黑色花岗岩

20厚黑色花岗岩
20厚1:2水泥砂浆结合层
砖砌筑

-0.05
-0.45

花架顶平面图 1:40

8000

花架平面图 1:40

8000

花架立面图 1:20

座凳
-0.05
-0.45

2.05

2500

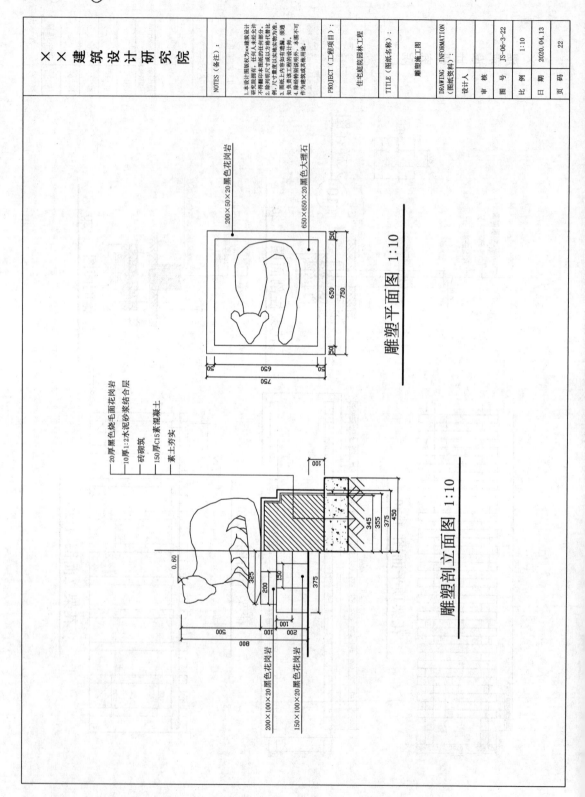

雕塑平面图 1:10

200×50×20黑色花岗岩

650×650×20黑色大理石

雕塑剖立面图 1:10

20厚黑色烧毛面花岗岩
10厚1:2水泥砂浆结合层
砖砌筑
150厚C15素混凝土
素土夯实

200×100×20黑色花岗岩
150×100×20黑色花岗岩

×× 建 筑 设 计 研 究 院

NOTES（备注）：

1.本设计图版权为××建筑设计研究院所有，任何人未经允许不得翻印本图纸的任何部分。
2.除列明尺寸或以实体物饰为准，图纸上所有内容如有遗漏，须遵从本设计工程的设计要求。
如有遗漏务须得到明示外，未经不可作为建筑或其他用途。

PROJECT（工程项目）：
住宅庭院园林工程

TITLE（图纸名称）：
雕塑施工图

DRAWING INFORMATION
（图纸资料）：

设计人		
审核		
图号	JS-06-3-22	
比例	1:10	
日期	2020.04.13	
页码	22	

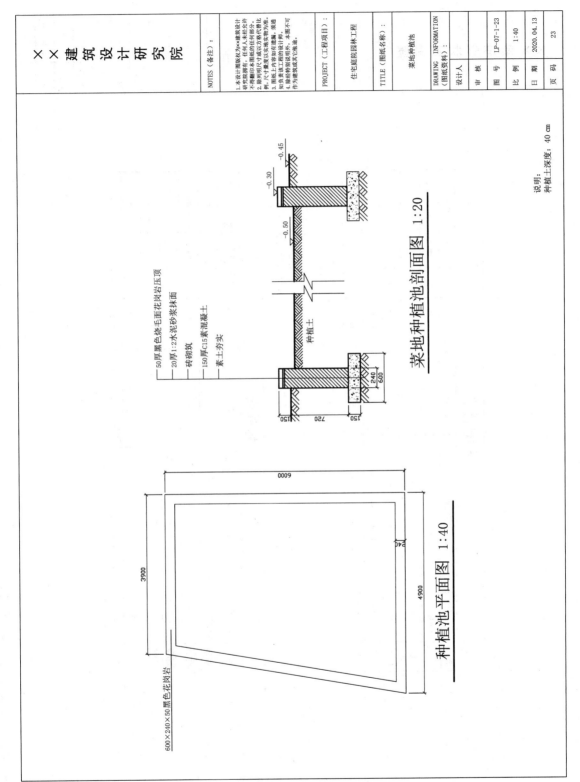

菜地种植池剖面图 1:20

- 50厚黑色烧毛面花岗岩压顶
- 20厚1:2水泥砂浆抹面
- 砖砌筑
- 150厚C15素混凝土
- 素土夯实

种植土

−0.30
−0.45
−0.50

240
600
150
720
150

种植池平面图 1:40

6000
3900
4900
240

600×240×50黑色花岗岩

说明：
种植土深度：40 cm

设计人	
审　核	

NOTES（备注）：

1. 本设计图版权为××建筑设计研究院拥有，任何人未经允许不得翻印本图纸的任何部分。
2. 除列明尺寸或以地实物尺例比，尺寸裁度以地实物为准。
3. 图纸上内容如有遗漏，须通知负责这工程的设计师。
4. 除经特别说明外，本图不可作为建筑或其它地造。

PROJECT（工程项目）：
住宅庭院园林工程

TITLE（图纸名称）：
菜地种植池

DRAWING INFORMATION
（图纸资料）：

图　号	LP-07-1-23
比　例	1:40
日　期	2020.04.13
页　码	23

××建筑设计研究院

上木配置表

序号	图片	中文名称	拉丁学名	胸径/cm	高度/m	单位	数量	备注（密度等）
1		凤尾竹	Bambusa multiplex		3	m³	37	1m³/丛，根盘丛径30cm
2		红皮云杉	Picea koraiensisNakai	50	12	棵	1	
3		国槐	Sophora japonica Linn	10	7	棵	5	
4		合欢	Albizia julibrissinDurazz	16	4	棵	6	
5		大叶女贞	Ligustrum compactum	8	2.5	棵	7	

下木配置表

序号	图片	中文名称	拉丁学名	冠幅/cm	高度/cm	数量/株	数量（面积：m²）	备注（密度等）
1		小叶黄杨	Buxus sinica var. paivifolia M. Cheng	40	80	271	13.53	20株/m²
2		金叶女贞	Ligustrum x vicaryi Rehder	30	60	423	16.89	25株/m²
3		红花檵木	Loropetalum chinense var. rubrum	40	100	218	8.72	25株/m²
4		紫叶小檗	Berberis thunbergii var.atropurpurea Chenault	25	40	875	43.75	20株/m²
5		瓜叶菊	Pericallis hybrida		25	6075	20.25	300株/m²
6		芍药	Paeonia lactiflora Pall	40	40	342	22.75	15株/m²

××建筑设计研究院

NOTES《备注》：
1. 本设计图版权为××建筑设计研究院所有，任何人未经允许不得翻印本图纸的任何部分。
2. 除注明尺寸或以实物为代表外，图上尺寸均应以实物为准，须通知本页设计图的设计师。
3. 图纸上内容如有遗漏，须通知本页设计图的设计师。
4. 除经特别说明外，本图不可作为建筑或其他用途。

PROJECT《工程项目》：住宅庭院园林工程

TITLE《图纸名称》：

DRAWING INFORMATION《图纸资料》：植物配置表

设计人
审核
图号　LP-07-2-24
比例　1:150
日期　2020.04.13
页码　24

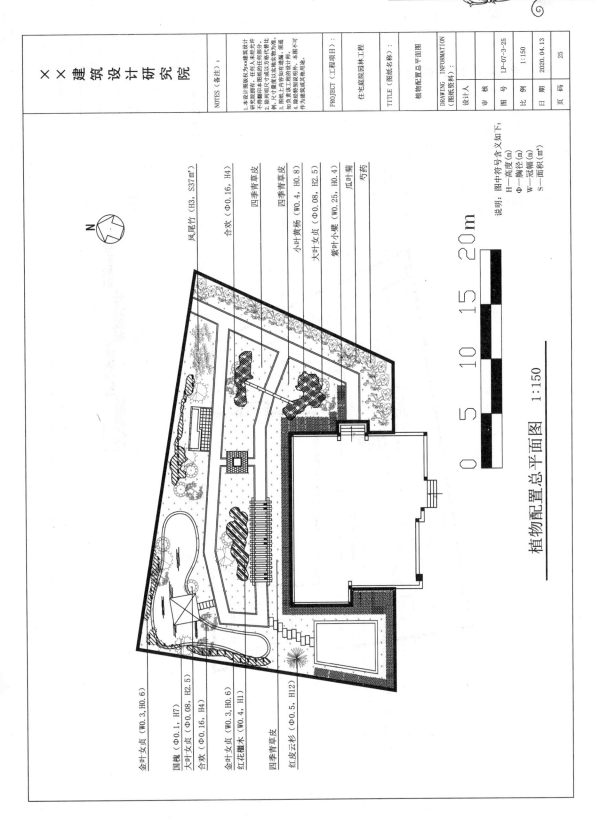

植物配置总平面图　1:150

× × 建 筑 设 计 研 究 院

NOTES（备注）：

1. 本设计图版权为××建筑设计研究院拥有，任何人未经允许不得翻印本图纸的任何部分。
2. 除列明尺寸或以实地为准外，图上比例尺寸或以方格代替比例。
3. 图纸上所有如有遗漏、须通知负责该工程的设计师。
4. 除经特别说明外，本图不可作为建筑或其他用途。

PROJECT（工程项目）：

住宅庭院园林工程

TITLE（图纸名称）：

植物配置总平面图

DRAWING INFORMATION
（图纸资料）：

设计人
审　核
图　号　LP-07-3-25
比　例　1:150
日　期　2020.04.13
页　码　25

说明：图中符号含义如下：
H—高度（m）
Φ—胸径（m）
W—冠幅（m）
S—面积（m²）

0　5　10　15　20m

凤尾竹（H3, S37m²）

合欢（Φ0.16, H4）

四季青草皮

四季青草皮

小叶黄杨（W0.4, H0.8）

大叶女贞（Φ0.08, H2.5）

紫叶小檗（W0.25, H0.4）

瓜叶菊

芍药

金叶女贞（W0.3, H0.6）

国槐（Φ0.1, H7）

大叶女贞（Φ0.08, H2.5）

合欢（Φ0.16, H4）

金叶女贞（W0.3, H0.6）

红花檵木（W0.4, H1）

四季青草皮

红皮云杉（Φ0.5, H12）

N

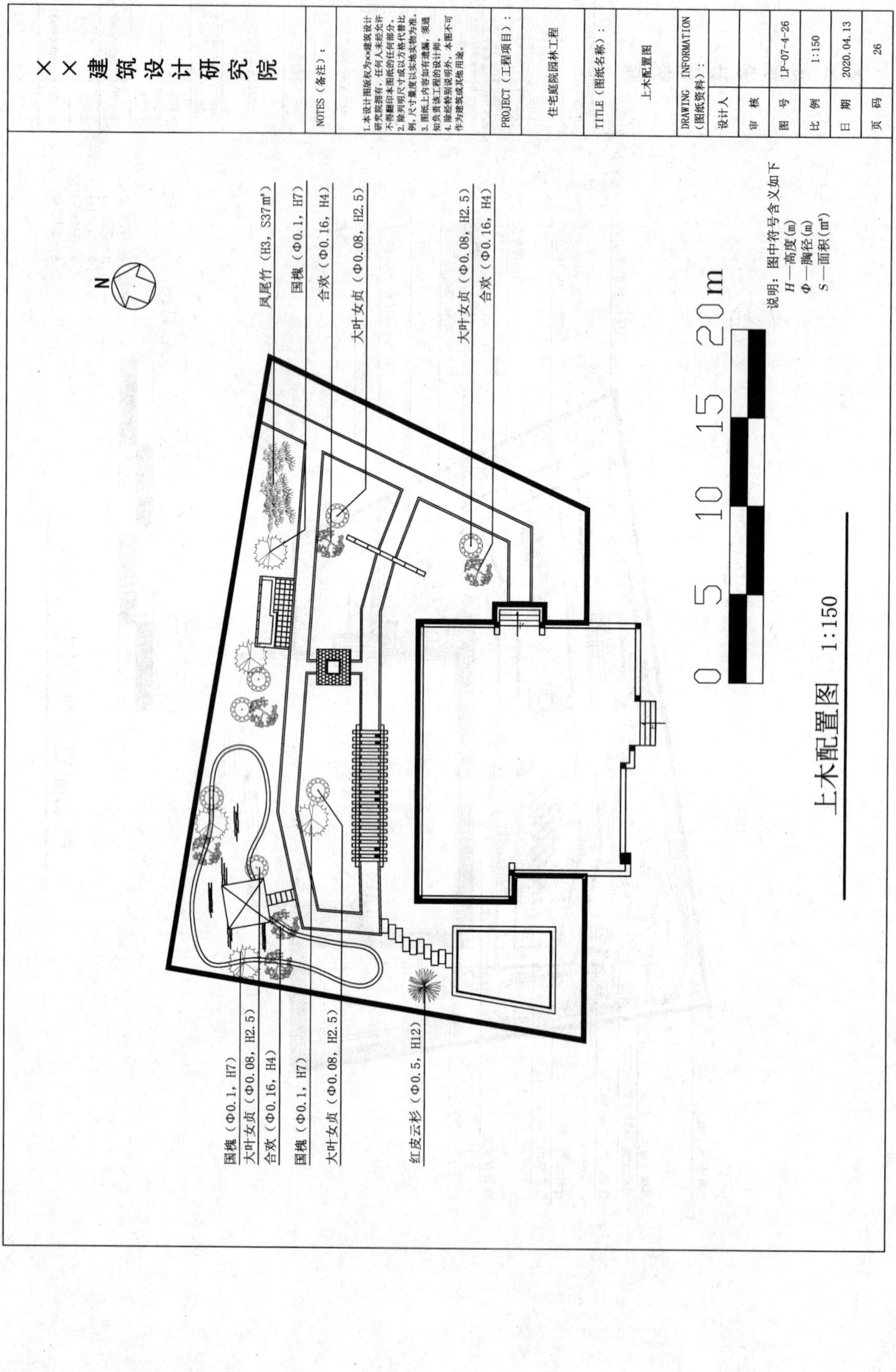

上木配置图　1:150

说明：图中符号含义如下
H—高度（m）
Φ—胸径（m）
S—面积（m²）

凤尾竹（H3，S37m²）
国槐（Φ0.1，H7）
合欢（Φ0.08，H2.5）
大叶女贞（Φ0.16，H4）

大叶女贞（Φ0.08，H2.5）
合欢（Φ0.08，H2.5）
国槐（Φ0.16，H4）

国槐（Φ0.1，H7）
大叶女贞（Φ0.08，H2.5）
合欢（Φ0.16，H4）
国槐（Φ0.1，H7）
大叶女贞（Φ0.08，H2.5）
红皮云杉（Φ0.5，H12）

××建筑设计研究院

NOTES（备注）：
1.本设计图版权为××建筑设计研究院所拥有，任何人未经允许不得翻印本图纸的任何部分。
2.除标明尺寸或以方格比数为比例，尺寸重叠以实地实物为准。
3.图纸上内容如有遗漏，须通知本设计单位。
4.除特殊标明外，本图不可作为建筑或其他用途。

PROJECT（工程项目）：
住宅庭院园林工程

TITLE（图纸名称）：
上木配置图

DRAWING INFORMATION（图纸资料）：

设计人	
审　核	
图　号	LP-07-4-26
比　例	1:150
日　期	2020.04.13
页　码	26

0　5　10　15　20m

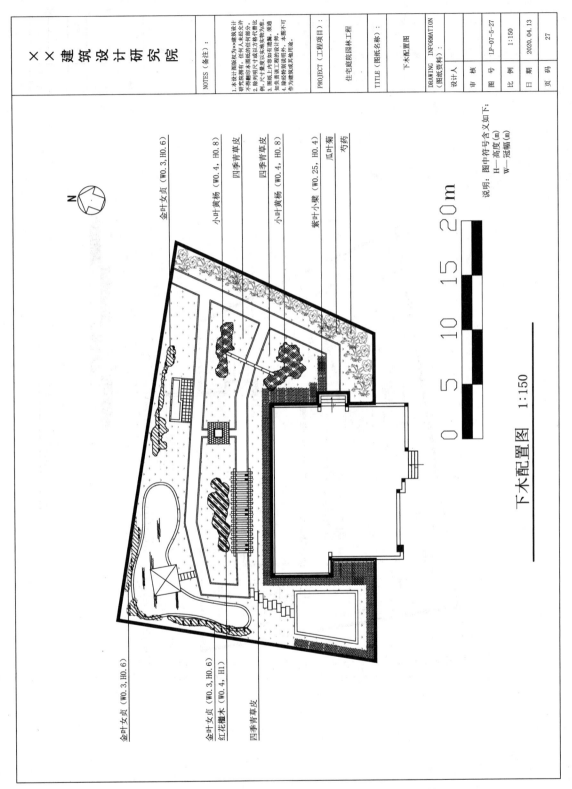

下木配置图　1:150

金叶女贞（W0.3,H0.6）

小叶黄杨（W0.4,H0.8）

四季青草皮

四季青草皮

小叶黄杨（W0.4,H0.8）

紫叶小檗（W0.25,H0.4）

瓜叶菊

芍药

金叶女贞（W0.3,H0.6）

金叶女贞（W0.3,H0.6）

红花檵木（W0.4,H1）

四季青草皮

N

0　5　10　15　20m

说明：图中符号含义如下：
H—高度（m）
W—冠幅（m）

××建筑设计研究院

NOTES（备注）：

1.本设计图版权为××建筑设计研究院拥有，任何人未经允许不得翻印本图纸的任何部分。
2.除列明尺寸或以方格代替比例，图纸上内容与实物物为准。
3.图纸上内容如有遗漏，须通知负责该工程的设计师。
4.除经修制说明外，本图不可作为建筑或尺寸使用途。

PROJECT（工程项目）：住宅庭院园林工程

TITLE（图纸名称）：下木配置图

DRAWING INFORMATION（图纸资料）：

设计人	
审核	
图号	LP-07-5-27
比例	1:150
日期	2020.04.13
页码	27

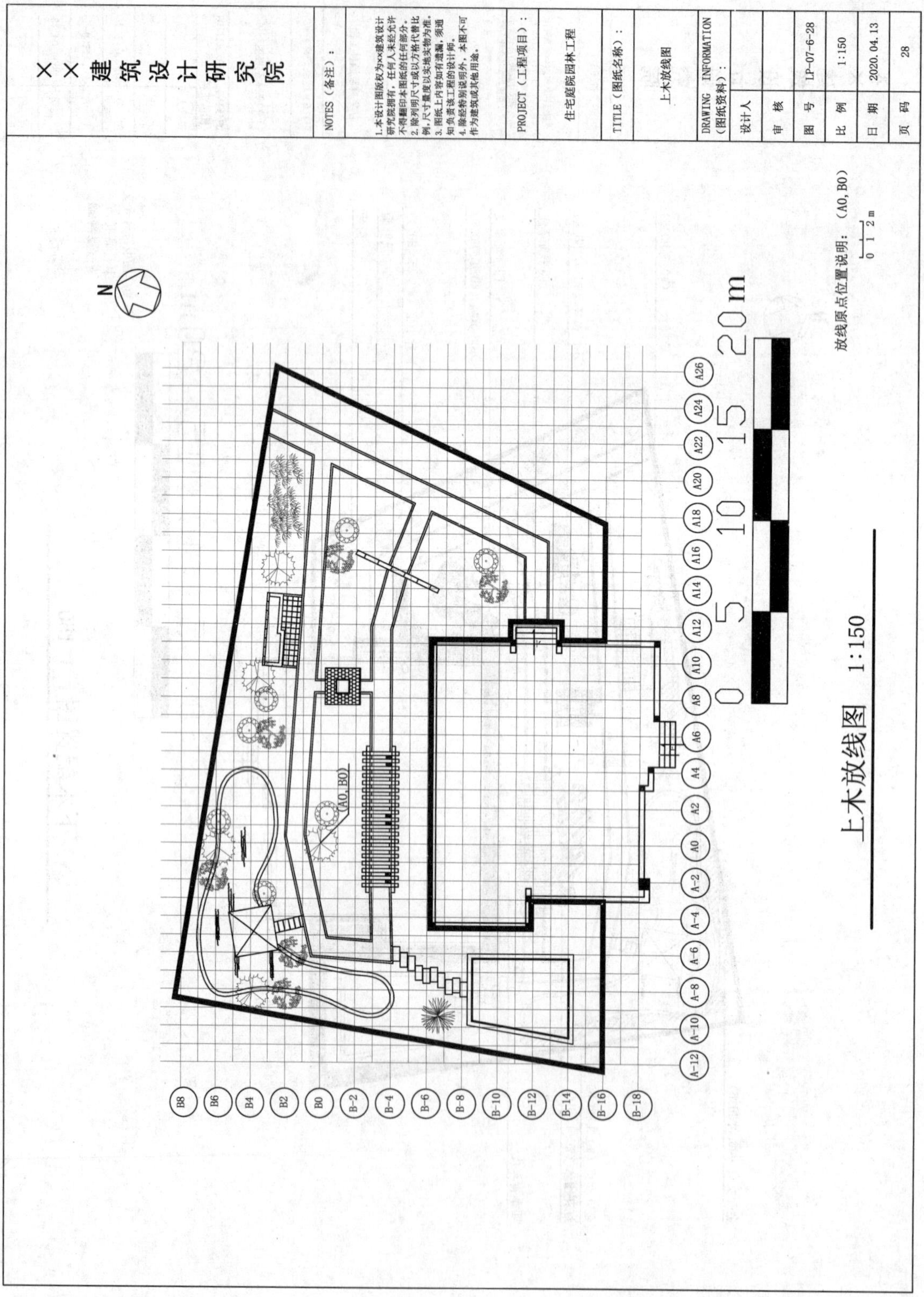

××建筑设计研究院
NOTES（备注）：
1.本设计图版权为××建筑设计研究院拥有，任何人未经允许不得翻印本图纸的任何部分。
2.除列明尺寸或以方格代替比例，尺寸量度以实地实物为准。
3.图纸上内容如有遗漏，须通知负责该工程的设计师。
4.除经特别说明外，本图不可作为建筑或其他用途。
PROJECT（工程项目）：
住宅庭院园林工程
TITLE（图纸名称）：
上木放线图
DRAWING INFORMATION（图纸资料）：
设计人
审 核
图 号 LP-07-6-28
比 例 1:150
日 期 2020.04.13
页 码 28
N
(A0,B0)
A-12 A-10 A-8 A-6 A-4 A-2 A0 A2 A4 A6 A8 A10 A12 A14 A16 A18 A20 A22 A24 A26
B8 B6 B4 B2 B0 B-2 B-4 B-6 B-8 B-10 B-12 B-14 B-16 B-18
0 5 10 15 20 m
放线原点位置说明：(A0,B0)
0 1 2 m
上木放线图 1:150

下木放线图 1:150

20 m

放线原点位置说明：（A0，B0）

设计人	
审 核	
图 号	LP-07-7-29
比 例	1:150
日 期	2020.04.13
页 码	29

DRAWING INFORMATION（图纸资料）：

TITLE（图纸名称）：下木放线图

PROJECT（工程项目）：住宅庭院园林工程

NOTES（备注）：

1. 本设计图版权为××建筑设计研究院所有，任何人未经允许不得翻印本图纸的任何部分。
2. 除列明尺寸或以方格代替比例，尺寸量度以实地实物为准。
3. 图纸上内容如有遗漏、须遵如负责该工程的设计师。
4. 除经特别说明外，本图不可作为建筑或其他用途。

×× 建 筑 设 计 研 究 院

参考文献

［1］中华人民共和国住房和城乡建设部.园林绿化工程工程量计算规范 GB 50858—2013［S］.北京:中国计划出版社,2013.

［2］中华人民共和国住房和城乡建设部.房屋建筑与装饰工程工程量计算规范 GB 50854—2013［S］.北京:中国计划出版社,2013.

［3］中华人民共和国住房和城乡建设部.建设工程建筑面积计算规范 GB/T 50353—2013［S］.北京:中国计划出版社,2013.

［4］规范编写组.2013 建设工程计价计量规范辅导［M］.北京:中国计划出版社,2013.

［5］全国造价工程师职业资格考试培训教材编审委员会.全国一级造价工程师职业资格考试培训教材(2019 年版)建设工程技术与计量(土木建筑工程)［M］.北京:中国计划出版社,2019.

［6］四川省建设工程造价总站.四川省建设工程工程量清单计价定额编制说明［M］.成都:四川科学技术出版社,2020.

［7］王武齐.建筑工程计量与计价［M］.北京:中国建筑工业出版社,2015.

［8］温日琨,舒美英.园林工程计量与计价［M］.北京:北京大学出版社,2014.

［9］廖伟平.园林工程招投标与概预算［M］.3 版.重庆:重庆大学出版社,2021.